Z会
グレードアップ
問題集 改訂版

小学5年

理科

JN078435

●はじめに

Ｚ会は「考える力」を大切にします ─────────

　『Ｚ会グレードアップ問題集』は，教科書レベルの問題集では物足りないと感じている方・難しい問題にチャレンジしたい方を対象とした問題集です。当該学年での学習事項をふまえて，発展的・応用的な問題を中心に，一冊の問題集をやりとげる達成感が得られるよう内容を厳選しています。少ない問題で最大の効果を発揮できるように，通信教育における長年の経験をもとに "良問" をセレクトしました。単純な反復練習ではなく，１つ１つの問題にじっくりと取り組んでいただくことで，本当の意味での「考える力」を育みます。

実験や観察の結果から考察し，説明できる力を養成します ─────────

　理科は，実験や観察を通して，科学的な見方や考え方を身につけていく教科です。本書では，教科書では詳しく扱われていない内容も含まれていますが，問題文をきちんと読めば教科書レベルの知識で解けるような工夫がしてあります。もっている知識と初見の内容を組み合わせた問題に取り組むことにより，思考力・応用力を伸ばすことができます。また，記述問題も出題し，実験や観察の結果からわかったことや考えたことを，的確に表現できる力を養成します。そのような力は，６年生になってからの学習や中学でも必要になってきます。

この本の使い方

1 この本は全部で 38 回あります。

　第 1 回から順番に，1 回分ずつ取り組みましょう。

2 1 回分が終わったら，別冊の『解答・解説』を見て，自分で丸をつけましょう。

3 まちがえた問題があったら，『解答・解説』の「考え方」を読んでしっかり復習しておきましょう。

4 👍マークがついた問題は，発展的な内容をふくんでいます。解くことができたら，自信をもってよいでしょう。

✳ 知っていたら かっこいい！ でしょうかいしていることは，これから役立つことが多いので，覚えておきましょう。

保護者の方へ

　本書は，問題に取り組んだあと，お子さま自身で答え合わせをしていただく構成になっております。学習のあとは別冊の『解答・解説』を見て答え合わせをするよう，お子さまに声をかけてあげてください。

いっしょにむずかしい問題に，挑戦しよう！

イーマル　　ミルマリ　　イワンコ

目次

植物の発芽 ①

1 ダイズの種子のつくりについて，あとの問いに答えなさい。(20点)

ダイズの種子

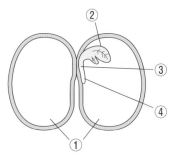

1　ダイズの種子は，インゲンマメの種子と似_にたつくりをしています。上の図の①
　〜④の中で，子葉_{しよう}はどの部分ですか。１つ選び，番号を書きなさい。(10点)

（　　　）

2　ダイズの子葉の説明として正しいものを，次の**ア〜オ**の中から１つ選び，記
　号を書きなさい。(10点)
　ア　地面から最初に出てくる部分で，発芽のための養分がたくわえられている。
　イ　発芽のための養分は一切ない。
　ウ　やがて，根に成長する所である。
　エ　やがて，葉に成長する所である。
　オ　やがて，くきに成長する所である。

（　　　）

2 次の①〜④の図はダイズ，カキ，イネ，アサガオのいずれかの芽生えのようすを
　表しています。これについて，あとの問いに答えなさい。(40点)

①　　　　　　　　②　　　　　　　　③　　　　　　　　④

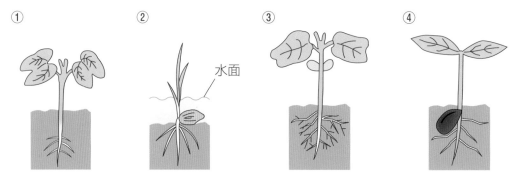

水面

1 イネ，アサガオの芽生えのようすは，図の①〜④のどれですか。正しいものを
|つずつ選び，番号を書きなさい。(各10点)

イネ (　　　　) アサガオ (　　　　)

2 ①のこのあとの葉のようすとして正しいものを，次の**ア〜ウ**の中から|つ選び，
記号を書きなさい。(10点)
ア 2枚の子葉と同じ形の葉が何枚も出てくる。
イ 2枚の子葉と同じ形の葉と，ちがう形の葉が混ざって何枚も出てくる。
ウ 2枚の子葉と異なる形の葉だけが出てくる。

(　　　　)

3 図の①〜④は子葉が|〜2枚ですが，発芽のときに子葉が3枚以上の植物も
あります。その植物を，次の**ア〜エ**の中から|つ選び，記号を書きなさい。

(10点)

ア マツ　**イ** ヒマワリ　**ウ** ヘチマ　**エ** イネ (　　　　)

3 インゲンマメの種子は成長するための養分としてでんぷんを利用します。それを
明らかにするための実験と，その結果を簡単に書きなさい。(20点)

(
　
　
　
)

4 いろいろな種子の養分のたくわえ方や養分の種類について，次の問いに答えなさ
い。(20点)
1 種子には発芽に必要な養分がたくわえられており，これを胚乳といいます。
胚乳がない種子を無胚乳種子といい，子葉に養分をたくわえることが多いです。
一方，胚乳がある種子を有胚乳種子といいます。有胚乳種子を，次の**ア〜ウ**の
中から|つ選び，記号を書きなさい。(10点)
ア ダイズ　**イ** トウモロコシ　**ウ** インゲンマメ (　　　　)

2 種子から油がよくとれるものはどれですか。身のまわりの食材から考えて，次
の**ア〜ウ**の中から|つ選び，記号を書きなさい。(10点)
ア ゴマ　**イ** アサガオ　**ウ** ヘチマ (　　　　)

2　植物の発芽 ②

1　インゲンマメの種子の発芽の実験を行いました。これについて，あとの問いに答えなさい。(80点)

実験①：空気の温度が25℃の明るい部屋の中で，インゲンマメの種子5つぶを，ペトリ皿に入れたかわいただっし綿の上に置き，数日間，観察した。

実験②：空気の温度が25℃の明るい部屋の中で，インゲンマメの種子5つぶを，ペトリ皿に入れたしめっただっし綿の上に置き，数日間，観察した。

実験③：空気の温度が25℃の明るい部屋の中で，インゲンマメの種子5つぶを，ペトリ皿に入れただっし綿の上に置き，インゲンマメが完全に水中に入るまで十分に水を注ぎ，数日間，観察した。

実験④：空気の温度が5℃の明るい部屋の中で，インゲンマメの種子5つぶを，ペトリ皿に入れたしめっただっし綿の上に置き，数日間，観察した。

実験⑤：空気の温度が25℃の暗い部屋の中で，インゲンマメの種子5つぶを，ペトリ皿に入れたしめっただっし綿の上に置き，数日間，観察した。

数日後，実験②，⑤のペトリ皿のインゲンマメは発芽していましたが，ほかの実験ではインゲンマメの発芽は見られませんでした。

1　実験①〜⑤の実験の条件（空気の温度，光，水，空気）と実験の結果について，あとの表に整理しなさい。ただし，次のルールにしたがって整理しなさい。

(20点)

《ルール》

・空気の温度について，それぞれの実験が行われたときの温度を書きなさい。

・光，水，空気について，それぞれの実験においてある条件の場合は○，ない条件の場合は×を書きなさい。

・結果について，それぞれの実験において発芽した場合は○，発芽しなかった場合は×を書きなさい。

	空気の温度	光	水	空気	結果
①					
②					
③					
④					
⑤					

2 インゲンマメの種子の発芽に水が必要かどうかを調べるには，どの２つの実験を比べるとよいですか。１の表の①〜⑤の中から最も適当なものを２つ選び，番号を書きなさい。(20点)

(と)

3 インゲンマメの種子の発芽に明るさが必要かどうかを調べるには，どの２つの実験を比べるとよいですか。１の表の①〜⑤の中から最も適当なものを２つ選び，番号を書きなさい。(20点)

(と)

4 実験②，④とそれらの結果からどのようなことがわかりますか。次のア〜ウの中から１つ選び，記号を書きなさい。(20点)

ア 気温が５℃だとインゲンマメは必ず発芽する。

イ インゲンマメには発芽に適した空気の温度があり，５℃は適していない。

ウ 空気の温度が５℃でも肥料をあたえれば，インゲンマメは発芽する。

( )

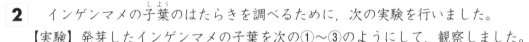 **2** インゲンマメの子葉のはたらきを調べるために，次の実験を行いました。

【実験】発芽したインゲンマメの子葉を次の①〜③のようにして，観察しました。

① 発芽後すぐにインゲンマメの子葉を切りとり，すりつぶしてヨウ素液をかけ，色の変化を見る。

② 発芽後５日目にインゲンマメの子葉を切りとり，すりつぶしてヨウ素液をかけ，色の変化を見る。

③ 発芽後１０日目にインゲンマメの子葉を切りとり，すりつぶしてヨウ素液をかけ，色の変化を見る。

上の実験の①ではヨウ素液は青むらさき色に変化しました。ほかの②，③のヨウ素液の色の変化として正しいものはどれですか。次のア〜エの中から１つ選び，記号を書きなさい。(20点)

ア ②，③も①と同じくらいこい青むらさき色である。

イ 青むらさき色は①が最もこく，②が次にこく，③が最もうすい。

ウ 青むらさき色は①がうすく，②が次にうすく，③が最もこい。

エ ①と③が同じくらいこい青むらさき色で，②は黄かっ色である。

( )

1 　ダイズの種子が発芽するときに，どのような変化が起こるのかを調べるために，次のような実験を行いました。これについて，あとの問いに答えなさい。（40点）

【実験】　図のようなガラス容器の中にしめっただっし綿を入れた皿を置き，その上に発芽しかけたダイズをのせ，変化のようすを観察します。また，ガラス容器内には，温度計と石灰水の入ったビーカーを置きます。なお，空気中に二酸化炭素とよばれる気体がふえると，その気体が石灰水にとけ，白くにごることが知られています。

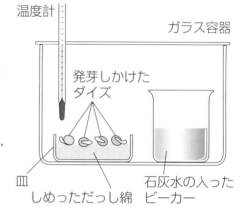

温度計
ガラス容器
発芽しかけたダイズ
皿
しめっただっし綿
石灰水の入ったビーカー

1 　ガラス容器内の石灰水が白くにごりました。このことからわかることを，次のア〜エの中から１つ選び，記号を書きなさい。（20点）

ア　ダイズの種子の発芽には水が必要である。
イ　ダイズの種子が発芽するとき，二酸化炭素が発生する。
ウ　ダイズの種子にはでんぷんがふくまれている。
エ　ダイズの種子が発芽するとき，水蒸気が発生する。

（　　　　）

2 　ガラス容器内の温度が容器の外より高くなっていました。ダイズの種子が発芽するときに，何が発生していると考えられますか。漢字１字で書きなさい。

（20点）

2 ダイズの種子が発芽するときに, どのような変化が起こるのかを調べるために, 次のような実験を行いました。(20点)

【実験】 図のように水を入れた水そうに三角フラスコを入れ, その中に発芽しかけたダイズと石灰水の入った試験管を入れます。また, 三角フラスコにはガラス管のついたゴムせんをとりつけ, ガラス管の中にインクで色をつけた色水を少し入れます。石灰水は二酸化炭素がふえてとけると, 白くにごる性質があることが知られています。ダイズの種子は, 呼吸によって酸素をすいこみ, 二酸化炭素を出します。しばらく観察していると色水は左側に動きました。その原因として最も適切なものを, 次のア〜エの中から1つ選び, 記号を書きなさい。

ガラス管
色水
石灰水
水
発芽しかけたダイズ

ア ダイズによって酸素がすいこまれた。
イ ダイズによって二酸化炭素がすいこまれた。
ウ ダイズによって水素がすいこまれた。
エ ダイズによってちっ素がすいこまれた。

(　　　)

3 ダイズの種子が発芽するときに, どのような変化が起こるのかを調べるために, 次のような実験を行いました。これについて, あとの問いに答えなさい。(40点)

【実験】 多数のダイズの種子を日光が当たらないしめった土の上にまき, まいた日から6日ごとに, 20つぶずつとり出し, 水分をかんそうさせてから, 子葉の部分 (これを**A**とする) と, 根・くき・葉になる部分 (これらをまとめて**B**とする) に分けて重さをはかると, 次の表のようになりました。

	まいた日	6日目	12日目	18日目
A (g)	4.2	3.2	2.6	1.8
B (g)	0.2	0.4	0.6	1.0

1 18日目までに, 種子20つぶあたりで重さは, まいた日から何g減っていますか。(20点)

(　　　) g

2 18日目までに, 種子20つぶあたりで**B**の重さは何gふえましたか。また, 種子20つぶあたりで, 呼吸など**B**を成長させるため以外に使われた養分の重さは何gですか。ただし, **A**が減った分の重さの一部がそのまま, **B**の重さの増加につながるものとします。(各10点)

ふえた重さ (　　　) g 　 養分の重さ (　　　) g

1 　発芽したあと，植物の成長には何が必要かを調べるため，発芽してから何枚か葉が出始めたある植物のなえを使い，次のような実験を行いました。これについて，あとの問いに答えなさい。（45点）

実験A：なえを土に植え，25℃の明るい所に置き，肥料をとかした水をあたえる。

実験B：なえを土に植え，25℃の明るい所に置き，肥料をとかしていない水をあたえる。

実験C：なえを土に植え，25℃の暗い所に置き，肥料をとかした水をあたえる。

実験D：なえを土に植え，5℃の明るい所に置き，肥料をとかした水をあたえる。

実験E：なえを土に植え，25℃の明るい所に置き，水をあたえない。

1　この実験で使う土はどのようなものを使うとよいですか。次のア〜ウの中から１つ選び，記号を書きなさい。（15点）

　ア　いろいろな花だんの土を混ぜて使う。

　イ　同じ畑のできるだけ同じ場所からとれた土を使う。

　ウ　水も肥料もふくまない土を使う。

（　　　　）

2　植物の成長に肥料が必要かどうかを調べるには，どの実験を比べるとよいですか。実験A〜Eの中から２つ選び，記号を書きなさい。（15点）

（　　　と　　　）

3　植物の成長に光が必要かどうかを調べるには，どの実験を比べるとよいですか。実験A〜Eの中から２つ選び，記号を書きなさい。（15点）

（　　　と　　　）

2 土の質が同じである 1m² の畑を 12 か所用
意し，4 つの畑ごとに 3 グループに分け，A・
B・C グループと名前をつけます。各グループの
4 つの畑に「ある植物」の種子を 20 個，30 個，
40 個，50 個まき，その後 A グループは 120
日間，B グループは 45 日間，C グループは 30
日間育てて成長のようすを観察しました。右のグ
ラフはそれぞれの畑で育った「ある植物」1 株当
たりの平均（いろいろな数をならして等しい大き
さの数にすること）のかんそう（水分を蒸発さ
せた）重量を調べた結果です。(55 点)

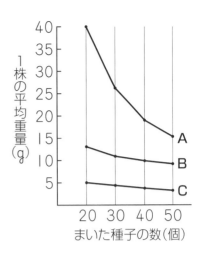

1　120 日間育てた A グループのグラフからどのようなことがわかりますか。次
　のア〜ウの中から 1 つ選び，記号を書きなさい。(20 点)
　　ア　まく種子の数が多いほうが 1 株当たりではよく成長する。
　　イ　まく種子の数が少ないほうが 1 株当たりではよく成長する。
　　ウ　まく種子の数と 1 株当たりの成長の度合いは関係がない。

（　　　）

2　1 で答えたことは，なぜ起こったと考えられますか。簡単に書きなさい。
(20 点)

3　45 日間育てた B グループと，30 日間育てた C グループのグラフからどのよ
　うなことがわかりますか。次のア〜ウの中から 1 つ選び，記号を書きなさい。
(15 点)
　　ア　まく種子の数が多い場合だけ C グループより B グループのほうが，1 株当
　　　たりではよく成長する。
　　イ　まく種子の数が少ない場合だけ C グループより B グループのほうが，1 株当
　　　たりではよく成長する。
　　ウ　まく種子の数に関係なく C グループより B グループのほうが，1 株当たりで
　　　はよく成長する。

（　　　）

学習日

月　日

得点

／100点

1 次の図は植物の根の先のようすを表したものです。これについて，次の問いに答えなさい。(60点)

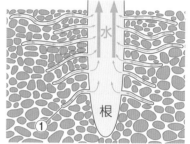

1 根のはたらきとして，正しいものを次の**ア〜オ**の中からすべて選び，記号を書きなさい。(20点)

ア 水や水にとけた肥料 をすい上げる。

イ 光を受けて養分をつくる。

ウ 表面の小さなあなからからだ中の余分な水分を出す。

エ 植物のからだを支える。

オ 花粉をつくる。

(　　　　　　　　　)

2 図の①はとてもたくさん生えていますが，植物にとってどのような点で都合がよいですか。簡単に書きなさい。(20点)

3 容器に養分を十分にふくんだ溶液を入れてアサガオを育てました（この育て方を水さいばいといいます）。土でアサガオを育てた場合と比べて，水さいばいで育てたアサガオの根の太さとして正しいものを，次の**ア〜ウ**の中から１つ選び，記号を書きなさい。なお，植物の根は土の中で育てた場合，土と根がこすれるときに生じる力が原因の１つとなって，根が太くなることが知られています。

(20点)

ア 土の中で育てる場合と同じような太さになる。

イ 土の中で育てる場合よりも太くなる。

ウ 土の中で育てる場合よりも細くなる。

(　　　　　)

2 　根の成長について，日光の当たる方向や，水平な地面のある方向（地球の重力と
よばれる，ものを落下させる力がはたらく，下向きの方向）と関係があるのかどう
かを調べるために，実験１，実験２を行いました。これについて，あとの問いに
答えなさい。(40点)

【実験１】図１のように，植物のなえをとう明のはち
　　　　　で水さいばいし，左の方向からだけ日光が
　　　　　入るようにした箱をかぶせ，中を暗くし数
　　　　　日間ようすを見る。

図１
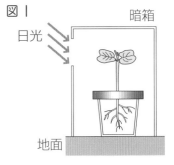

【実験２】図２のように，植物のなえを水がもれない
　　　　　ようにしたとう明のはちで水さいばいし，
　　　　　はちを横向きにたおして数日間ようすを見
　　　　　る。

図２
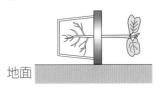

1 　実験１で植物の根はどのように成長しますか。次の**ア～ウ**の中から１つ選び，
記号を書きなさい。なお，根は日光のある方向の反対側にのびることが知られて
います。(20点)
　ア　根はまっすぐ下向きにのびる。
　イ　根は右側になびくようにのびる。
　ウ　根は左側になびくようにのびる。

（　　　　）

2 　実験２で植物の根はどのように成長しますか。次の**ア～ウ**の中から１つ選び，
記号を書きなさい。なお，根は水平な地面のある方向（地球の重力のはたらく方
向）にのびることが知られています。(20点)
　ア　根はまっすぐ左向きにのびる。
　イ　根は上側になびくようにのびる。
　ウ　根は下側になびくようにのびる。

（　　　　）

6 植物の花 ①

1 右の図はアサガオの花のようすを表したものです。これについて，次の問いに答えなさい。(50点)

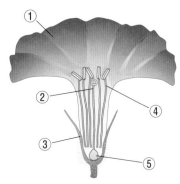

1　図の①～⑤を何といいますか。次の**ア**～**オ**の中からそれぞれ1つずつ選び，記号を書きなさい。ただし，**オ**は実ができる部分の名前です。

(各5点)

ア 花びら　**イ** がく　**ウ** おしべ　**エ** めしべ　**オ** 子ぼう

①(　　　)　②(　　　)　③(　　　)

④(　　　)　⑤(　　　)

2　次の図の**ア**～**オ**はアサガオの花の成長のようすを表したものです。これらを成長する順に左からならべかえ，記号を書きなさい。(10点)

ア　　　**イ**　　　**ウ**　　　**エ**　　　**オ**

(　　→　　→　　→　　→　　)

3　花びら，がく，おしべ，めしべの4つを花の4要素といい，この4つがすべてそろっているものを完全花，1つでもたりない花を不完全花といいます。また，花びらが1枚ずつはなれている花を離弁花といい，花びらどうしがたがいにくっついている花を合弁花といいます。アサガオの花の説明として正しいものを，次の**ア**～**エ**の中から1つ選び，記号を書きなさい。(15点)

ア 完全花で離弁花である。　　**イ** 完全花で合弁花である。

ウ 不完全花で離弁花である。　**エ** 不完全花で合弁花である。

(　　　)

2 次の図１，図２はカボチャの花のようすを表したものです。これについて，あとの問いに答えなさい。(50点)

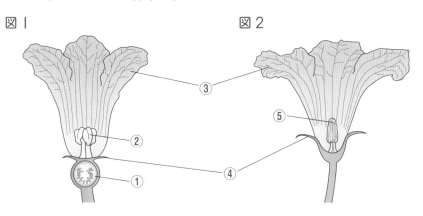

図１　　　　　　　　　　　　図２

1 　図１，図２の①〜⑤を何といいますか。次の**ア〜オ**の中からそれぞれ１つずつ選び，記号を書きなさい。ただし**オ**は実ができる部分の名前です。(各5点)

ア 花びら　**イ** がく　**ウ** おしべ　**エ** めしべ　**オ** 子ぼう

① （　　　　　　）　② （　　　　　　）　③ （　　　　　　）

④ （　　　　　　）　⑤ （　　　　　　）

2 　カボチャの種子の説明として正しいものを，次の**ア〜ウ**の中から１つ選び，記号を書きなさい。(10点)

ア 図１の花からだけ種子ができる。

イ 図２の花からだけ種子ができる。

ウ 図１，図２の花の両方から種子ができる。

（　　　　　　）

3 　花びら，がく，おしべ，めしべの４つを花の４要素といい，この４つがすべてそろっているものを完全花といい，１つでもたりない花を不完全花といいます。また，１つの花におしべ，めしべの両方ともがあるものを両性花といい，おしべかめしべの一方しかないものを単性花といいます。カボチャの花は，次の**ア〜エ**のうちどれにあてはまりますか。すべて選び，記号を書きなさい。(15点)

ア 完全花　**イ** 不完全花　**ウ** 両性花　**エ** 単性花

（　　　　　　）

7　植物の花 ②

1　花のつくりについて，次の問いに答えなさい。(30点)

1　アサガオのおしべ，めしべ，花びら，がくの説明として正しいものを，次の**ア**〜**エ**の中からそれぞれ１つずつ選び，記号を書きなさい。(各5点)

ア　つぼみのときに花全体を守っている。

イ　美しい色や形でこん虫や鳥を引きつける。

ウ　花粉をつくる所である。

エ　花粉が付着する。

おしべ　(　　　　)　　めしべ　(　　　　)

花びら　(　　　　)　　がく　　(　　　　)

2　おしべ，めしべ，花びら，がくの4つを花の4要素といい，4つすべてがそろった花を完全花，1つでもたりない花を不完全花といいます。次の**ア**〜**オ**の中から不完全花を1つ選び，記号を書きなさい。(10点)

ア　アサガオ　　**イ**　リンゴ　　**ウ**　サクラ　　**エ**　ヘチマ　　**オ**　アブラナ

(　　　　)

2　花にはその形などによっていろいろな分類の方法があります。まず，1つの花の中におしべ，めしべの両方があるかどうかによる分類で，両方あるものを両性花，おしべかめしべのどちらかしかないものを単性花といいます。次に，花びらどうしのつき方による分類で，たがいにくっついているものを合弁花，たがいにはなれているものを離弁花といいます。これについて，次の問いに答えなさい。(20点)

1　単性花はどれですか。次の**ア**〜**エ**の中から1つ選び，記号を書きなさい。

(10点)

ア　タンポポ　　**イ**　チューリップ　　**ウ**　ヘチマ　　**エ**　ユリ

(　　　　)

2　合弁花はどれですか。次の**ア**〜**オ**の中から1つ選び，記号を書きなさい。

(10点)

ア　アサガオ　　**イ**　エンドウ　　**ウ**　キャベツ　　**エ**　ソメイヨシノ

オ　ウメ

(　　　　)

3 花によっていろいろな受粉の方法があります。次の**A**，**B**の文について，あとの問いに答えなさい。（50点）

A：花粉をおもにこん虫に運んでもらい受粉する。

B：花粉をおもに風に運んでもらい受粉する。

1 **A**，**B**のような受粉をする花を何といいますか。**A**，**B**の文から考え，次の**ア**〜**エ**の中からそれぞれ１つずつ選び，記号を書きなさい。（各5点）

　ア　風媒花　　**イ**　水媒花　　**ウ**　虫媒花　　**エ**　鳥媒花

A （　　　　） B （　　　　）

2 **A**のような受粉をする花の説明として，正しいものを次の**ア**〜**オ**の中からすべて選び，記号を書きなさい。（10点）

　ア　美しい花びらがある。　　**イ**　花びらがない。　　**ウ**　みつを出す。

　エ　**B**のような受粉をする花と比べて，花粉はさらさらしている。

　オ　**B**のような受粉をする花と比べて，花粉は多くつくられる。

（　　　　　　　）

3 アサガオは，**A**のように受粉をします。このことから考えて，アサガオの花粉として，正しいものを次の**ア**〜**エ**の中から１つ選び，記号を書きなさい。ただし，**ア**〜**エ**の中でアサガオの花粉以外のものは**B**のように受粉をするものとします。

ア　　　　　　　　　　　　　　　　　**イ**　　　　　　　　　　　　　（20点）

ウ　　　　　　　　　　　　　　　　　**エ**

（　　　　）

4 **A**のような受粉をする花の花粉は，こん虫に花粉を運んでもらいやすいように花粉にどのような特ちょうがありますか。簡単に書きなさい。（10点）

（　　　　　　　　　　　　　　　　　　　　　）

8 植物の花 ③

1 カボチャの花の受粉のしくみを調べるために次の実験を行いました。これについて，あとの問いに答えなさい。(45点)

【実験】　カボチャの花が多数さいていて，こん虫がよく飛びかうカボチャの畑でカボチャのめ花のつぼみ3つに，め花A〜Cと名前をつけます。つぼみのめ花A，Bにはふくろをかぶせ，つぼみのめ花Cはそのままにします。花がさいたときにめ花Aだけふくろを外し，お花からとった花粉をめしべにつけ，すぐにふくろをかぶせます。数日後，め花A〜Cがどのようになったかを観察します。

1　実験の結果，め花A〜Cの中で2つのめ花は実ができはじめ，1つのめ花は実はできずかれていました。実ができずかれたのはどのめ花ですか。A〜Cの中から1つ選び，記号を書きなさい。(15点)

(　　　　)

2　1の実験結果において，め花Aはどうなったと考えられますか。次のア〜エの中から1つ選び，記号を書きなさい。(15点)
　ア　こん虫によって受粉し，実ができた。
　イ　こん虫によって受粉したが，実はできなかった。
　ウ　こん虫による受粉はしなかったが，実はできた。
　エ　こん虫による受粉はせず，実はできなかった。

(　　　　)

3　同じ実験を，畑全体をビニルハウスでかこみ，こん虫がまったく入らないようにして行いました。このとき，め花A〜Cの中で実ができなかったものはどれですか。A〜Cの中からすべて選び，記号を書きなさい。(15点)

(　　　　)

2 アサガオの花の受粉のしくみを調べるために，次の実験を行いました。これについて，あとの問いに答えなさい。(55点)

【実験】 アサガオの花が多数さいていて，こん虫がよく飛びかうアサガオの畑でアサガオのつぼみ4つに，アサガオA～Dと名前をつけます。アサガオA，B，Cにはふくろをかぶせ，アサガオDはそのままにします。ただし，アサガオA，Bでは，あらかじめつぼみを切り開きおしべをすべてとりのぞいておきます。花がさいたときにアサガオAだけふくろを外し，別のアサガオからとった花粉をめしべにつけ，すぐにふくろをかぶせます。数日後，アサガオA～Dがどのようになったかを観察します。

1 この実験でつぼみにふくろをかぶせるのはなぜですか。簡単に書きなさい。
(20点)

2 実験の結果，1つのアサガオだけは実ができずかれていました。かれていたのはどのアサガオですか。A～Dの中から1つ選び，記号を書きなさい。(15点)

（　　　）

3 1の実験結果から，外部から花粉が運ばれなくても受粉することがわかりました。本で調べてみると，アサガオは花粉がこん虫に運ばれ受粉する場合以外に，つぼみが開くときに，つぼみの中のおしべがのびてめしべの先にふれて受粉する場合もあることがわかりました。このような受粉の方法を自家受粉といいます。アサガオと同じように自家受粉をするものはどれですか。次のア～エの中から1つ選び，記号を書きなさい。なお，キュウリはヘチマのなかま（ウリ科の植物）です。(20点)
ア カボチャ　イ キュウリ　ウ エンドウ　エ ヘチマ

（　　　）

1 右の図は，成長したメダカを表したものです。これについて，次の問いに答えなさい。（50点）

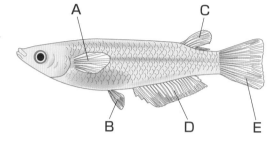

1 図のメダカはおすですか。それともめすですか。「おす」・「めす」のどちらかを書きなさい。（10点）

（　　　　　）

2 1のように判断できる理由を，簡単に次の文にまとめました。文の①と②にはそれぞれ A〜E の中から選んだ記号を，③には指定された文字数の適当な言葉を書きなさい。（各5点）

> 図の（　①　）のひれには切れこみがあり，また，図の（　②　）のひれの形が（③：漢字5字）に近い形をしているから。

①（　　　　　）　②（　　　　　）

③ | | | | | |
|---|---|---|---|---|

3 図のメダカには全部で7枚のひれがあります。したがって，A〜E のうちの2つのひれが2枚ずつあることになります。2枚あるひれを A〜E の中から2つ選び，記号を書きなさい。（各5点）

（　　　　）（　　　　）

4 メダカのめすは腹のあたりから卵を産み出します。めすが卵を産み出す部分として適当なものを，次の ア〜ウ の中から1つ選び，記号を書きなさい。

（15点）

ア 図の B のひれよりも頭側にある所。

イ 図の B のひれと D のひれの間にある所。

ウ 図の D のひれよりも尾のほうにある所。

（　　　　）

2　右の図は，メダカを水そうで飼っているよう
すを表したものです。これについて，次の問い
に答えなさい。(50点)

水草

1　水そうを置く場所として適当なものを，次
のア～ウの中から１つ選び，記号を書きな
さい。(10点)

　ア　日光が直接当たる，明るい所。

　イ　日光が直接当たらない，明るい所。

　ウ　日光が直接当たらない，暗い所。

　　　　　　　　　　　　（　　　　　）

2　水そうに入れる水について適当なものを，次のア～ウの中から１つ選び，記
号を書きなさい。(10点)

　ア　水道水をくんできて，そのまま使う。

　イ　水道水をくんでから１～２日ぐらいたったものを使う。

　ウ　海水をくんできて，そのまま使う。

　　　　　　　　　　　　　　　　　　　　　（　　　　　）

3　メダカにあたえるえさとして適当なものを，次のア～ウの中から１つ選び，
記号を書きなさい。(10点)

　ア　キャベツやダイコンの葉を細かくしたもの

　イ　ヤゴやタガメ　　　　ウ　ミジンコやイトミミズ

　　　　　　　　　　　　　　　　　　　　　　（　　　　　）

4　メダカにあたえるえさの量について適当なものを，次のア～エの中から１つ
選び，記号を書きなさい。(10点)

　ア　食べ残しが出ないくらいの量を，毎日あたえる。

　イ　できるだけたくさんの量を，毎日あたえる。

　ウ　食べ残しが出ないくらいの量を，１週間に１回程度あたえる。

　エ　できるだけたくさんの量を，１週間に１回程度あたえる。

　　　　　　　　　　　　　　　　　　　　　（　　　　　）

5　次の文は，水そうに水草を入れる理由の１つです。文の（　　）にあてはま
る適当な言葉を書きなさい。(10点)

メダカが水草に（　　　　）を産みつけるため。

　　　　　　　　　　　　　　　　　　　　　（　　　　　）

学習日

月　日

得点

/100点

1 右の**図 1**は，卵（たまご）を産む直前のメダカのおすとめすの行動を写したものです。これについて，次の問いに答えなさい。(50点)

図1

1　**図 1**の中で，めすのメダカはどちらですか。次の**ア**，**イ**の中から1つ選び，記号を書きなさい。(10点)

ア　追いかけているメダカ

イ　追いかけられているメダカ

(　　　)

2　メダカが卵を産むのは，昼の長さが13時間以上ある日であるといわれています。また，**図 2**は月ごとの昼の長さ（太陽の出ている時間）の変化を示（しめ）したグラフです。これらのことから考えて，メダカが卵を産む時期としてまちがっているものを，次の**ア〜エ**の中から2つ選び，記号を書きなさい。(各10点)

ア 5月　**イ** 7月

ウ 9月　**エ** 11月

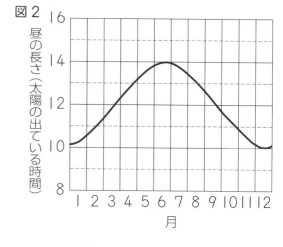
図2
昼の長さ（太陽の出ている時間）
月

(　　　)(　　　)

3　メダカのめすが卵を産むと，おすはその卵に精子（せいし）をかけます。精子と卵が結びつくことを何といいますか。漢字2字で答えなさい。(10点)

☐☐

4　めすが産んだ卵と精子が結びつかなかった場合，その後，卵はどのようになりますか。簡単（かんたん）に書きなさい。(10点)

[　　　　　　　　　　　　　　　　　　　]

2 次の文は，たろうさんがつけた観察記録で，メダカの卵が成長するようすが書かれています。これについて，あとの問いに答えなさい。(50点)

〈観察記録〉 メダカの卵を，25℃の水温に保ちながら観察した。

1日目 （メダカの卵が産まれてすぐ）	卵の中にたくさんのあわのようなものが見えた。
3日目	あわが1か所に集まっていた。 **X**ができているのがわかった。
7日目	からだの形がだいぶんはっきりしてきた。 **Y**の動きがわかるようになってきた。
11日目	さかんに卵の中が動き回っていた。 もうすぐ卵から出てくるだろう。

1 メダカの卵の大きさ（直径）を，次の**ア〜ウ**の中から1つ選び，記号を書きなさい。(10点)

　ア 約1mm　　**イ** 約6mm　　**ウ** 約14mm　　　　（　　　　）

2 **X**，**Y**にあてはまる言葉を，次の**ア〜エ**の中からそれぞれ1つずつ選び，記号を書きなさい。(各5点)

　ア 目　　**イ** 口　　**ウ** 心臓　　**エ** 肺

　　　　　　　　　　　　　　　　X（　　　　）　**Y**（　　　　）

3 7日目のメダカの卵を観察すると**Y**がさかんに赤いものを送り出し，赤いものは体中をめぐっていました。**Y**が送り出しているものは何ですか。適当な言葉を書きなさい。(10点)

　　　　　　　　　　　　　　　　　　　　　　　　　　（　　　　　　）

4 メダカの卵は，水温が高いと早く成長します。20℃の水温に保ちながら観察した場合，メダカが卵から出てくるのにかかる日数は，水温が25℃の場合と比べてどうなりますか。次の**ア〜ウ**の中から1つ選び，記号を書きなさい。

　　　　　　　　　　　　　　　　　　　　　　　　　　　　(10点)

　ア 水温が25℃の場合と比べて長くなる。
　イ 水温が25℃の場合と比べて短くなる。
　ウ 水温が25℃の場合と同じである。　　　　　（　　　　）

5 卵からかえったメダカは，2〜3日の間えさを食べません。この理由を「腹のふくらみ」という言葉を使って，簡単に書きなさい。(10点)

（
　　　　　　　　　　　　　　　　　　　　　　　　　　　　　　）

学習日

月　日

得点

／100点

1 右の写真は，けんび鏡です。これについて，次の問いに答えなさい。(80点)

1 写真の中の①〜⑤の部分の名前を，次の**ア〜ク**の中からそれぞれ１つずつ選び，記号を書きなさい。ただし，①と③はレンズをさしています。(各５点)

　ア 反しゃ鏡　　**イ** つつ
　ウ レボルバー　**エ** アーム
　オ 対物レンズ　**カ** 接眼レンズ
　　　　　　　　　　　せつがん
　キ 調節ねじ　　**ク** クリップ

ステージ
(のせ台)

①（　　　　）　②（　　　　）　③（　　　　）

④（　　　　）　⑤（　　　　）

2 けんび鏡で観察すると，見ようとしているものはどのように見えますか。次の**ア〜エ**の中から１つ選び，記号を書きなさい。(5点)
　ア 上下左右がそのままの向きで見える。
　イ 上下は逆になっているが，左右はそのままの向きで見える。
　　　　　　　ぎゃく
　ウ 上下はそのままだが，左右は逆の向きで見える。
　エ 上下左右が逆の向きで見える。　　　　　　　　　　　　（　　　　）

3 写真の④を回すとどうなりますか。次の**ア〜ウ**の中から１つ選び，記号を書きなさい。(10点)
　ア つつがのびたり，ちぢんだりする。
　イ ステージ（のせ台）が上がったり，下がったりする。
　ウ 写真の⑤の向きが変化する。　　　　　　　　　　　　　（　　　　）

4 ステージ（のせ台）にのせる，調べたいものをのせたガラスの板のことを何といいますか。カタカナ６字で書きなさい。(10点)

5　写真の①をのぞきながら，調べたいものがはっきり見える所をさがす場合，どうするのがよいですか。次の**ア**，**イ**の中から１つ選び，記号を書きなさい。

(10点)

ア　写真の③とステージをできるだけ近づけ，③とステージを遠ざけながらさがす。

イ　写真の③とステージをできるだけ遠ざけ，③とステージを近づけながらさがす。

（　　　　）

6　写真の①として１０倍のものと１５倍のものを用意しました。また，写真の③として１０倍のもの，１５倍のもの，２０倍のものを用意しました。たろうさんが写真の①と写真の③を組み合わせて観察する場合，何通りのけんび鏡の倍率が考えられますか。書きなさい。（10点）

（　　　　）通り

7　6と同じ倍率のレンズを用意しました。たろうさんが写真の①と写真の③を組み合わせて最高の倍率にしたとき，長さ0.02mmのものは，何mmになって観察できますか。ただし，下のルールにしたがって考えなさい。（10点）

ルール：倍率２倍のレンズで2cmのものを観察すると，4cmに見えます。

（　　　　）mm

2　右の図は，かいぼうけんび鏡を使って，メダカの卵のついた水草を観察しているようすを表したものです。これについて，次の問いに答えなさい。（20点）

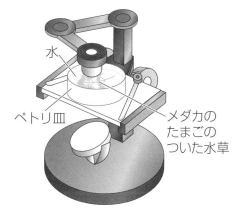

水
ペトリ皿
メダカのたまごのついた水草

1　図のかいぼうけんび鏡に使われるレンズはいくつありますか。次の**ア〜ウ**の中から１つ選び，記号を書きなさい。（5点）

ア　１つ　　**イ**　２つ　　**ウ**　３つ

（　　　　）

2　かいぼうけんび鏡はどのような場所に置いて使うのがよいですか。簡単に書きなさい。（10点）

〔　　　　　　　　　　　　　　　　　　　　　　　〕

3　かいぼうけんび鏡と，けんび鏡で比べた場合，どちらのほうがより小さなものを観察するのに向いていますか。次の**ア**，**イ**の中から１つ選び，記号を書きなさい。

(5点)

ア　かいぼうけんび鏡　　**イ**　けんび鏡

（　　　　）

12 魚の育ち方 ④

学習日　　月　　日
得点　　／100点

1 ある場所に特定の種類の生き物がどのくらいいるのかを調べたいときに，すべての生き物の数を１匹ずつ数えるのはとても大変です。そのため，すべて数えなくても全体の数を推定できる方法が考えられてきました。その方法の１つに標識再捕法があります。この方法を使って池のメダカの数を調べることにしました。これについて，あとの問いに答えなさい。ただし，調査期間中にメダカの数は変わらないものとします。(60点)

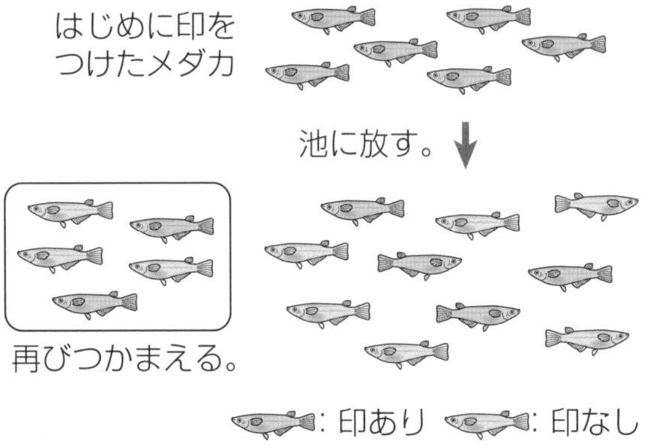

標識再捕法

【調査方法】はじめに池でメダカをつかまえて数を数えたあと，つかまえたメダカすべてに印をつけて放します。数時間後，池でメダカを再びつかまえて，つかまえたメダカの数と，その中で印があるメダカの数を数えます。「池にいるすべてのメダカの中の，はじめに印をつけたメダカの割合」と「再びつかまえたメダカの中の，印があるメダカの割合」が等しいと考えると，その池にいるメダカの数を計算することができます。

1 標識再捕法で生き物の数を正確に調べるためには，いくつかの条件を満たしている必要があります。その条件についての説明としてまちがっているものを，次の**ア**～**ウ**の中から１つ選び，記号を書きなさい。(20点)

ア 印をつけることで印のないものとつかまえやすさに差が出ないようにする。
イ 印をつけることで生き物が死んでしまわない。
ウ ほかの地域との生き物の出入りがある。

(　　　)

2 はじめに印をつけたメダカの数をA，再びつかまえたメダカの数をB，再びつかまえたメダカの中で印があるメダカの数をCとすると，次のような式で，池にいるメダカの数を計算することができます。

池にいるメダカの数＝<u>A×B÷C</u>

はじめに，池でメダカを50匹つかまえて印をつけて放しました。数時間後，同じ池でメダカを42匹つかまえたところ，印のあるメダカは14匹でした。池にいるメダカの数を計算すると，何匹になりますか。数字を書きなさい。(20点)

(　　　)匹

3　**2**と同じ池でメダカを75匹つかまえて**2**とは別の印をつけて放しました。数時間後，同じ池で50匹のメダカをつかまえたとき，その中で今回つけた印のあるメダカはおよそ何匹になると考えられますか。最も近いものを次の**ア**～**ウ**の中から１つ選び，記号を書きなさい。(20点)

　　ア　15匹　　**イ**　25匹　　**ウ**　35匹

（　　　　　）

2　何匹かのヒメダカを図１のような丸い形の水そうに入れて自由に泳がせました。ヒメダカは，今いる場所にとどまっていようとする性質があることをふまえて，次の問いに答えなさい。(40点)

図１　ヒメダカ
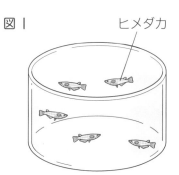

1　水そうの水を，図２のように，上から見て時計回りに静かにかき回しました。すると，ヒメダカはそろって同じように泳ぎ始めました。ヒメダカはどのように泳ぎますか。次の**ア**～**ウ**の中から１つ選び，記号を書きなさい。(10点)

　ア　上から見て時計回りに泳ぐ。
　イ　上から見て反時計回りに泳ぐ。
　ウ　上から見て8の字をえがくようにして泳ぐ。

図２　水の流れ

（　　　　　）

2　図３のように，水そうの外側をたてじまもようの紙でかこい，その紙を上から見て反時計回りにゆっくり回しました。すると，ヒメダカはそろって同じように泳ぎ始めました。ヒメダカはどのように泳ぎましたか。**1**の**ア**～**ウ**の中から１つ選び，記号を書きなさい。(10点)

図３　紙の回転の向き

（　　　　　）

3　図３で，たてじまもようの紙を図４のような横じまもようの紙にかえてゆっくり回したところ，ヒメダカはほとんど動きをみせませんでした。この理由を簡単に書きなさい。(20点)

図４
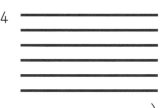

（　　　　　　　　　　　　　　　　　　　　）

知っていたら かっこいい！ ❶

植物の発芽 ／ 植物の成長 ／ 植物の花 ／ 魚の育ち方

👑 植物の発芽

　植物の発芽には，水，空気（の中の酸素），適当な温度の３つの条件が必要ですが，すべての植物がこの３条件で必ず発芽するわけではありません。レタス，ニンジン，ミツバなどのように３条件のほかに光を当てる必要があるものもあります。また，植物の種子の中にはある程度の期間，低温にさらされないと発芽しにくいものもあります。これは発芽に適さない冬にまちがって発芽しないように冬が過ぎたことを確認する意味合いがあると考えられています。このように発芽の条件には実際はいろいろありますが，みなさんは水，空気，適当な温度と覚えておきましょう。

👑 植物の葉の色

　秋になるといくつかの植物では葉の色が赤色や黄色にかわり私たちの目を楽しませてくれます。では，葉の色はどのようにして変化するのでしょうか。葉の中にはもともと緑色の成分（クロロフィル）と黄色の成分（カロチノイド）がありますが，春から夏にかけては緑色の成分のほうが多いため葉は緑色に見えます。ところが，秋になり気温が下がると緑色の成分が分解されて少なくなり，もとからある黄色の成分が目立ってきて葉は黄色に見えてくるのです。<u>ポプラやイチョウの葉が秋に黄色に変色する</u>のはこのためです。さらに気温が下がると，葉は光合成をさかんに行えず，養分を多く作れなくなります。しかし，葉も呼吸で常に養分を使うので，葉はしだいに養分を使う量のほうが多くなります。また，かんそうする冬に水分を多く出す葉を残しておくのも冬ごしに不利なので，葉を落とすために葉の根元に離層とよばれるものができ，葉と幹との物質の移動がなくなります。すると，葉でできたわずかな養分が葉に残り，これが原因で赤色の成分（アントシアン）ができます。<u>イロハカエデやカキの葉が秋に赤色に変色する</u>のはこのためです。

👑 花のさき方

　多くの植物において，花は種子を作り子孫を残すという大切な役割を持っています。そして，いかに確実に種子を実らせるかについて，いろいろな工夫が見受けられます。風で花粉を運んでもらう風媒花はより確実に受粉させるために，風に飛ばされやすい軽く小さな花粉を大量に作ります。また，こん虫に花粉を運んでもらう虫媒花はみつを出したり，美しい花びらでこん虫をひきつけたりします。また，虫媒花の花のさく時間帯についてもいろいろな特ちょうがあります。タンポポなどは，夜が明けて明るくなると花が開き出し，日がしずみ暗くなると花がとじます。これはこん虫が活動する時間帯に合わせて花をさかせているように見えます。また，チューリップなどは気温が上がってくると花が開き出し，気温が下がってくると花がとじます。これもこん虫が活動する時間帯に合わせて花をさかせているように見えます。一方，アサガオなどは早朝から花が開き出し，昼過ぎにはとじてしまい再び開くことはないので，こん虫に受粉してもらうには，開花の時間が短いようにも見えますが，アサガオは開花のときに自らのおしべの花粉で受粉する自家受粉という方法をとるので，もともとこん虫の助けをあまり必要としないのです。また，一度さくと開いたままのサクラなどは，こん虫のいない時間帯も開き，強風などで花粉や花びらが散る危険もありますが，花自体を大量に作ることでそれを補っています。

👑 メダカの性質

　多くの魚は体の側面にふつう1対の側線があり，ここで水圧や水流を感じています。暗い時間帯や障害物でまわりが見えないときでも，敵の接近やエサの存在を感知できるのは，嗅覚のほかにこの側線も大いに役立っています。メダカの体の側面にはこの側線はありませんが，側線と同様に水圧や水流を感じる頭部側線があります。メダカは体が小さく泳ぐ力があまり強くないので，今，生息している場所から大きく流されると元の場所にもどるのが大変なので，水の流れを感じたらすぐに，流されないように水の流れに逆行するように泳ぐ習性があり，これを走流性と言います。例えば，第12回「魚の育ち方④」にあったように，円形のとう明の水そうにメダカを数匹泳がせ，手で時計回りに水流を作ると，すべてのメダカがすぐに反時計回りに泳ぎ出します。また，内側にしま模様を書いた画用紙のつつを水そうのまわりにかぶせ，画用紙を時計回りに回転させると，水流が生じていなくても，すべてのメダカがすぐに時計回りに泳ぎ出します。これはメダカは視力がよく，まわりの景色の移りかわりを見て，自分が流されていると感じたら，流されないように景色について行こうとすることの表れと考えられています。

13 人のたんじょう ①

1 成長した人の男性，女性のちがいについて，次の問いに答えなさい。(35 点)

1 次の①～④の文は，成長した人の男性，女性のどちらについて書かれたものですか。男性の場合は**ア**，女性の場合は**イ**をそれぞれ書きなさい。(各 5 点)

① 精子が体内でつくられる。

② 子宮が発達している。

③ 卵 (卵子) が体内でつくられる。

④ たいばんがある。

①（　　　　）　②（　　　　）　③（　　　　）　④（　　　　）

2 精子と卵 (卵子) が結びつくと何になりますか。ひらがな 6 字で書きなさい。
(15 点)

2 右の図は，人の子ども (たい児) を表したものです。これについて，次の問いに答えなさい。(25 点)

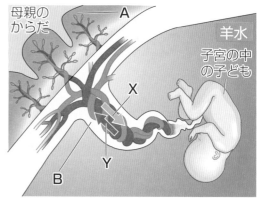

母親のからだ

羊水

子宮の中の子ども

1 図の**A**，**B**の部分の名前をそれぞれひらがな 4 字で答えなさい。(各 5 点)

A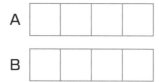

B

2 図の**X**，**Y**は物質が移動していくようすを表しています。養分など，子ども (たい児) に必要なものの移動を表しているのは**X**，**Y**のどちらですか。記号を書きなさい。(5 点)

（　　　　）

3 図の中にある羊水のはたらきを簡単に書きなさい。(10 点)

（　　　　　　　　　　　　　　　　　　　　　　　　　）

3 生まれたあとの子ども（赤ちゃん）について，次の問いに答えなさい。（40点）

1 生まれたばかりの子ども（赤ちゃん）の身長について，適当なものを次のア〜エの中から１つ選び，記号を書きなさい。（5点）

ア 約15cm イ 約50cm ウ 約150cm エ 約500cm

（　　　　）

2 生まれたばかりの子ども（赤ちゃん）の体重について，適当なものを次のア〜エの中から１つ選び，記号を書きなさい。（5点）

ア 約300g イ 約700g ウ 約3000g エ 約7000g

（　　　　）

3 生まれたばかりの子ども（赤ちゃん）はすぐにうぶ声（大きな声を出して泣き出す声）をあげます。うぶ声をあげると，生まれる前にはしなかったあることを始めます。どのようなことを始めますか。簡単に書きなさい。（10点）

（　　　　　　　　　　　　　　　　　　　　　　　　　）

4 右の写真は，生まれてから６か月ほどたった子ども（赤ちゃん）を表したものです。写真の中で，メダカにはない部分はどこですか。次のア〜ウの中から１つ選び，記号を書きなさい。（10点）

ア 目 イ 口 ウ へそ

（　　　　）

5 生まれてから６か月ほどたった子ども（赤ちゃん）は，少しずつ母親のちち（母乳）以外の食べ物を食べるようになりますが，ふだんは，母乳で育てられます。また，生まれてから１年を過ぎるころになると，立ちあがって歩けるようになりますが，長い文章を話すことはまだできません。これらのことから，上の写真の赤ちゃんについて，正しいものを次のア〜ウの中から１つ選び，記号を書きなさい。（10点）

ア ふだんは，母乳で育てられる。

イ 立ちあがって歩くことができる。

ウ 長い文章を話すことができる。

（　　　　）

14 人のたんじょう ②

1　右の写真は，サルの親子を表したものです。これについて，次の問いに答えなさい。なお，サルは人と同じ「ほ乳類」とよばれるなかまで，子どもの生まれ方は，人と似ていることが知られています。(50点)

サル

1　サルの子どもの生まれ方について書かれた次の文の①〜⑤にあてはまる言葉を，あとの**ア〜キ**の中からそれぞれ１つずつ選び，記号を書きなさい。(各5点)

> 　サルの（　①　）が，サルの（　②　）のからだの中に（　③　）を直接送りこみ，（　④　）と受精させます。受精したものは（　②　）のからだの中の（　⑤　）の中で育ち，親と似たからだとなって生まれてきます。生まれてきた子には，親となった（　②　）のサルがちち（母乳）をあたえます。

ア おす　　**イ** めす　　**ウ** 卵（卵子）　　**エ** 精子
オ 子宮　　**カ** たいばん　　**キ** へそのお

①（　　　　　）　②（　　　　　）　③（　　　　　）

④（　　　　　）　⑤（　　　　　）

2　サルのように，親から親と似たからだの子が生まれ，生まれてきた子には，親がちち（母乳）をあたえる動物を，「ほ乳類」といいます。次の**ア〜オ**の中からほ乳類を3つ選び，記号を書きなさい。(各5点)

ア ウシ　　**イ** カメ　　**ウ** ゾウ　　**エ** メダカ　　**オ** シマウマ

（　　　　　）（　　　　　）（　　　　　）

3　カモノハシという動物は，親が卵を産みますが，ほ乳類に分類されます。カモノハシは，どういった特ちょうから，ほ乳類に分類されていると考えられますか。**2**の問題文にある「ほ乳類」の説明を参考にして，簡単に書きなさい。(10点)

（　　　　　　　　　　　　　　　　　　　　　　　　　　　）

2 動物の中には，おすとめすのすがたがはっきりちがうものがいます。これについて，次の問いに答えなさい。(40点)

1 メダカのおすとめすは，背びれともう1つ何の形のちがいから見分けることができますか。ひらがな4字で答えなさい。(10点)

2 ある種類の動物では，めすよりもおすのほうが目立つすがたをしていることがあります。このことをふまえて，次の**ア〜カ**の中からおすの動物を3つ選び，それぞれ記号を書きなさい。(各10点)

ア　　　　　　　　イ　　　　　　　　ウ

エ　　　　　　　　オ　　　　　　　　カ

(　　　　)(　　　　)(　　　　)

3 右の表は，いろいろなほ乳類の動物が，受精卵から成長して，たんじょうするまでの日数をまとめたものです。表から，どのようなことがわかりますか。からだの大きさに注目して書きなさい。

(10点)

たんじょうまでの日数

動物	日数
ウサギ	約　30〜　35日
イヌ	約　60〜　70日
ネコ	約　60〜　70日
ブタ	約100〜120日
ウシ	約280〜300日
ゾウ	約600〜660日

15 人のたんじょう ③

1 背ぼね（背中にあるほね）がある動物を、せきつい動物といいます。せきつい動物について、次の問いに答えなさい。

（65点）

1 図1は、人のほねのつくりを表したものです。図1のA〜Dの中から背ぼねを選び、記号を書きなさい。（5点）

（　　　　）

図1

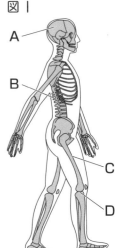

2 図2の①〜④は、いろいろなせきつい動物のほねのつくりを表したものです。①〜④はそれぞれどのせきつい動物ですか。あとの**ア**〜**エ**の中からそれぞれ1つずつ選び、記号を書きなさい。（各5点）

図2

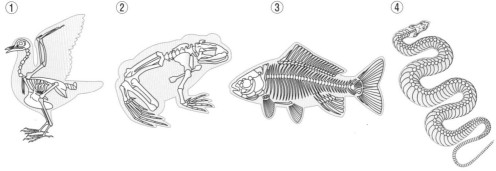

① ② ③ ④

ア フナ　　**イ** カエル　　**ウ** ヘビ　　**エ** ハト

①（　　　　）　②（　　　　）　③（　　　　）　④（　　　　）

3 水の中に卵を産むせきつい動物は、かたいからがない卵を産むことが多いです。一方、陸上で卵を産むせきつい動物は、かたいからのある卵を産むことが多いです。このことから考えて、メダカ、トノサマガエル、ウミガメ、ツバメについて、あてはまるものを次の**ア**〜**エ**の中からそれぞれ2つずつ選び、記号を書きなさい。（各5点）

ア からのない卵から生まれる。　　**イ** からのある卵から生まれる。

ウ 親は卵を水の中に産む。　　**エ** 親は卵を陸上に産む。

メダカ（　　　）（　　　）　トノサマガエル（　　　）（　　　）

ウミガメ（　　　）（　　　）　ツバメ（　　　）（　　　）

2 背ぼねがない動物を，無せきつい動物といいます。無せきつい動物について，次の問いに答えなさい。(35点)

1　図1の①～④は，いろいろな無せきつい動物を表したものです。①～④はそれぞれどの無せきつい動物ですか。あとの**ア～エ**の中からそれぞれ1つずつ選び，記号を書きなさい。(各5点)

図1

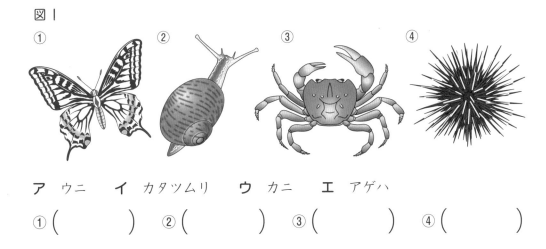

① ② ③ ④

ア ウニ　**イ** カタツムリ　**ウ** カニ　**エ** アゲハ

① (　　　　　)　② (　　　　　)　③ (　　　　　)　④ (　　　　　)

2　1の①～④はいずれも同じようななかまのふやし方をします。どのようにしてなかまをふやしますか。簡単に書きなさい。(5点)

(　　　　　　　　　　　　　　　　　　　　　　　　　　　　　　　　)

3　図2は，目に見えないくらい小さな無せきつい動物であるアメーバを表したものです。アメーバのなかまのふやし方は，**2**とは異なり自分のからだを2つに分けてなかまをふやしていく，「分れつ」という方法でなかまをふやしていきます。アメーバ以外にも，小さな生き物は「分れつ」という方法でなかまをふやす生き物がいます。「ある生き物」は，2日ごとに2匹に分れつするものとします。「ある生き物」は，24日後には何匹になっていると考えられますか。(10点)

図2

(　　　　　　　) 匹

1 次のこん虫の観察記録を読んで，あとの問いに答えなさい。(70点)

〈観察記録〉こん虫Aは，成虫のめすが植物Bの葉に卵を産みます。ある年の春ごろに，こん虫Aがある公園に植えられている植物Bの葉に産んだ卵の数を数えると全部で3624個ありました。これらの卵を自然の状態に保ちながら観察を続けると，卵からよう虫，さなぎ，成虫へと成長していきました。しかし，成長とともに数は減り続け，成虫になったこん虫Aの数を数えると6匹でした。また，成虫のおすとめすは同じ数だけいました。

1 観察を続けた結果，こん虫Aの成虫のめすは何匹いましたか。書きなさい。
(10点)

(　　　　　) 匹

2 自然の状態では，こん虫Aの卵のうち，卵から成虫へと無事に成長できるものは，何個に1個と計算できますか。書きなさい。(10点)

(　　　　　) 個に1個

3 こん虫Aのよう虫が鳥にえさとしてとらえられるのも，こん虫Aの数が減る原因の1つでした。こん虫Aのよう虫は1令よう虫から6令よう虫まで順番に成長して，大きくなります。鳥が見つけやすいのは1令よう虫と6令よう虫のどちらですか。書きなさい。ただし，大きさ以外はかわらないものとします。(10点)

(　　　　　) 令よう虫

4 自然界において，異なる種の生き物どうしの間にはさまざまな「関係」があります。たとえば，アリとアブラムシの場合，アリはアブラムシから甘い汁をあたえられます。一方，アブラムシは天敵であるテントウムシなどからアリによって守られています。このようにアリとアブラムシは「たがいに利益を得る関係」にあります。こん虫Aのよう虫の体内にほかの小さな虫Cがすみついてしまうことがあります。小さな虫Cは，こん虫Aから養分をうばいとり，やがてこん虫Aのよう虫が死んでしまうということがありました。こん虫Aのよう虫と小さな虫Cはどのような関係になっていますか。適当なものを次のア〜ウの中から1つ選び，記号を書きなさい。(20点)

ア　こん虫Aのよう虫だけが一方的に利益を得る関係

イ　小さな虫Cだけが一方的に利益を得る関係

ウ　こん虫Aのよう虫と小さな虫Cがたがいに利益を得る関係

(　　　　　)

5 成虫になったこん虫Ａ（今の世代のこん虫Ａとします）のめす１匹が産む卵の数が１０００個だったとします。また、観察を行った公園では、１で正しく答えた数のこん虫Ａの成虫のめすだけが卵を産むとすると、次の世代のこん虫Ａの成虫の数は、今の世代のこん虫Ａの成虫の数と比べてどうなると考えられますか。適当なものを次のア～ウの中から１つ選び、記号を書きなさい。ただし、次の世代では、こん虫Ａの卵のうち、卵から成虫へと無事に成長できるものは、５００個に１個とします。（20点）

ア ふえる　　イ 減る　　ウ まったくかわらない　　（　　　）

2 次の文を読んで、あとの問いに答えなさい。（30点）

> 人の血液にはいろいろな種類があります。ここでは、ＡＢＯ式血液型について説明します。血液型は父親と母親から受けつぐ情報（遺伝子）により決まり、血液型を決める遺伝子にはA、B、Oの３種類があります。また、次のようなルールがあり、血液型はA型、B型、O型、AB型の４種類になります。
>
> ルール１　AとBの遺伝子は特ちょうがあらわれやすく、Oの遺伝子は特ちょうがあらわれにくい。
>
> ルール２　人の血液型は２つの血液型を決める遺伝子の組み合わせで決まる。たとえば、ABの場合の血液型はAB型、OOの場合の血液型はO型、AAとAOの場合はルール１により血液型はいずれもA型になる。
>
> ルール３　人は血液型を決める遺伝子を２つ持つが、父親が精子を母親が卵をつくるときには、それぞれ２つ持つ遺伝子のうちのいずれか１つだけを受けつぐ。たとえば、O型の父親（Oの遺伝子を２つ持つ）場合、遺伝子Oを持った精子だけがつくられる。
>
> ルール４　子どもには、父親と母親から遺伝子を１つずつ受けつぐため、血液型を決める遺伝子を２つ持つことになる。たとえば、Aの遺伝子を２つ持ったA型の父親とOの遺伝子を２つ持ったO型の母親の場合、それぞれ、Aの遺伝子を持った精子とOの遺伝子を持った卵だけがつくられ、受精し、A型の子どもが生まれ、Aの遺伝子とOの遺伝子を１つずつ持つ。

1 父親が持つ血液型を決める遺伝子がABの場合、精子に受けつがれる遺伝子として、適当なものを次のア～ウの中からすべて選び、記号を書きなさい。（10点）

ア Ａ　　イ Ｂ　　ウ Ｏ　　（　　　）

2 血液型を決める遺伝子について、父親、母親のそれぞれがBO、AOの場合、生まれてくる子の血液型にはどのような可能性がありますか。適当なものを次のア～エの中からすべて選び、記号を書きなさい。（20点）

ア Ａ型　　イ Ｂ型　　ウ Ｏ型　　エ ＡＢ型　　（　　　）

17 雲と天気の変化 ①

1 天気について書かれた次の文の（ ① ）～（ ③ ）に入る言葉を, あとの**ア**～**キ**の中からそれぞれ１つずつ選び, 記号を書きなさい。(各５点)

> 空全体の広さを10としたとき, 9～10が雲におおわれていると, 天気は（ ① ）, 0～8が雲でおおわれていると, 天気は（ ② ）です。また, 雲の量にかかわらず, （ ③ ）, 天気は雨です。

ア 晴れ　　**イ** くもり　　　**ウ** 雨
エ 雪　　**オ** 雨がふったら　　**カ** １時間以上雨がふったら
キ ３時間以上雨がふったら

①（　　　　）　②（　　　　）　③（　　　　）

2 ある日に２時間おきに同じ場所で空を観察し, 雲のようすをまとめました。あとの問いに答えなさい。(50点)

午前９時：小さな雲が空全体の３分の１ほどをおおっていた。雲は北西から南東へゆっくり動いていた。

午前11時：大きな雲が空全体の３分の２ほどをおおっていた。雲は西から東へゆっくり動いていた。

午後１時：空全体を黒くて厚い雲がおおっていた。雲はほとんど動かなかった。

午後３時：空がさらに暗くなり, 水のつぶが空から落ちてきた。

1　午前９時の天気を, 次の**ア**～**エ**の中から１つ選び, 記号を書きなさい。
(10点)

ア 晴れ　**イ** くもり　**ウ** 雨　**エ** 雪

（　　　　）

2　午前11時の天気を, 1の**ア**～**エ**の中から１つ選び, 記号を書きなさい。
(10点)

（　　　　）

3　午後 1 時の天気を, 1 の**ア〜エ**の中から 1 つ選び, 記号を書きなさい。(10点)

（　　　　）

4　午後 3 時の天気を, 1 の**ア〜エ**の中から 1 つ選び, 記号を書きなさい。(10点)

（　　　　）

5　この日の午前 9 時から午後 3 時までの天気について, 次の**ア〜エ**の中から最も適切なものを 1 つ選び, 記号を書きなさい。　　　　　　　　　(10点)
　ア　晴れのち雨　　**イ**　くもりのち晴れ　　**ウ**　雨のち晴れ
　エ　晴れのち雪

（　　　　）

3　空にうかぶ雲にはいろいろな形のものがあります。次の 3 つの形の雲の中で, 雨をふらせる可能性が最も高いと考えられるものを, **ア〜ウ**の中から 1 つ選び, 記号を書きなさい。(10点)

ア  　　**イ**  　　**ウ**

ひつじのような形をした雲　　すじのような形をした雲　　暗くたれこめた雲

（　　　　）

4　天気や雲に関する次の文が正しいときは○, まちがっていれば×を書きなさい。
　　　　　　　　　　　　　　　　　　　　　　　　　　　　　　　　　(各5点)

1　雲は 1 日の間にその量がふえることがあっても減ることはない。
2　雲はいつでも空にあり, なくなることはない。
3　雲はその形などのようすがかわっても, 天気がかわることはない。
4　雲は綿のようなものがういているのではなく, 水蒸気が冷やされて水や氷となってういているものである。
5　雲が動くことはない。

1（　　　　）　　2（　　　　）　　3（　　　　）

4（　　　　）　　5（　　　　）

41

18 雲と天気の変化 ②

1 天気と方位について，次の問いに答えなさい。(20点)

1 下の図の**ア・イ**の方位を北・南・東・西のいずれかで答えなさい。(各5点)

ア（　　　　）　イ（　　　　）

2 日本の天気は，日本の上空でふいている「へん西風」という風が，雲を動かしているために変化します。この「へん西風」によって，雲が動かされる向きを，日本の天気のかわり方から考え，次の**ア～エ**の中から1つ選び，記号を書きなさい。(10点)

ア 北→南　　**イ** 南→北　　**ウ** 東→西　　**エ** 西→東　　（　　　　）

2 下の図は，連続した4日間の日本各地の正午の天気を調べて書いたものです。ただし，◎はくもり，●は雨がふっている所を表しています。(50点)

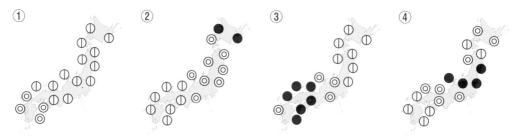

① ② ③ ④

1 1日目の図は①です。残りの図を正しい日付の順にならべかえ，番号を書きなさい。(10点)

（　①　→　　　　→　　　　→　　　　）

2 1から，日本の天気はどのように移りかわるといえますか。簡単に書きなさい。(10点)

（　　　　　　　　　　　　　　　　　　　　　　　　　）

3 １日目の正午に，雨がふっている地域を，次の**ア～エ**の中から１つ選び，記号を書きなさい。ただし，どの地域も雨がふっていない場合は，×を書きなさい。

(10点)

ア 広島　**イ** 大阪　**ウ** 東京　**エ** 青森

（　　　　）

4 ４日目の正午の関東地方の天気を，次の**ア～ウ**の中から１つ選び，記号を書きなさい。(10点)

ア くもり　**イ** 雪　**ウ** 雨

（　　　　）

5 大阪で雨がふっていると考えられるのは，何日目ですか。数字を書きなさい。

(10点)

（　　　　）日目

3 　昔は，今のようにテレビやインターネットなどで天気予報を知ることができませんでした。そこで，自分の目で空を見て，雲のようすや風向きから天気を予測していました。その予測の多くは生活上の経験にもとづいていて，今でも「ことわざ」や「言い伝え」の形で知られています。(30点)

1 次の天気に関する**ア～ウ**の文の（　　　）の部分に，晴れを表す言葉が入るものは○，雨を表す言葉が入るものは×と書きなさい。(各5点)

ア 夕焼けが見られると，翌日は（　　　　）。

イ 太陽や月がかさをかぶると（　　　　）。

ウ ツバメが低く飛ぶと天気が（　　　　）。

　　　　　　　ア（　　　　）　イ（　　　　）　ウ（　　　　）

2 日本の天気は，へん西風という上空にふいている風で雲が流されることでかわります。この風のえいきょうで天気を予想しているものを１の**ア～ウ**の中から１つ選び，記号を書きなさい。(15点)

（　　　　）

19 雲と天気の変化 ③

1 次のA〜Cは，連続した3日間の日本上空のようすを気象衛星から送られたデータをもとに作られた画像です。あとの問いに答えなさい。(55点)

A
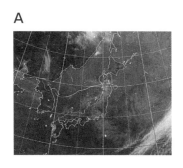

B
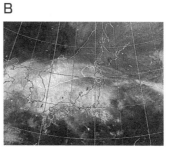

C
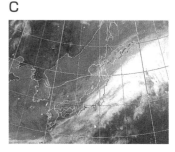

1 上の画像で白く見える部分は何を表していますか。(10点)

（　　　　　　　　　）

2 この画像を何とよびますか。次の**ア〜エ**の中から最も適切なものを1つ選び，記号を書きなさい。(15点)

ア 気画像　　**イ** 雲画像　　**ウ** 雨画像　　**エ** 白画像

（　　　　　）

3 白く見えている地域の天気を，次の**ア・イ**の中から1つ選び，記号を書きなさい。

(15点)

ア 快晴か晴れ　　**イ** くもりか雨

（　　　　　）

4 上の画像を日付の順にならべかえなさい。ただし，最初を**B**とします。(15点)

（　B　→　　　　→　　　　）

2 水は，地球の表面や上空で，水や水蒸気（すいじょうき）などにすがたをかえながら，移動（いどう）しています（これを水の循環（じゅんかん）といいます）。下の図と文はその循環のようすを表したものです。あとの問いに答えなさい。（45点）

> 海や湖では，いつも水がさかんに蒸発（じょうはつ）して，空高く上っていきます。上っていくと冷やされて水や氷のつぶとなります。そのつぶが大きくなると雨や雪となって大地にふってきます。大地にふった水は，また海や湖にもどってきます。こうして，地球上の水はすがたをかえながら，空と陸，海をめぐり，地球全体として（ ① ）に保（たも）たれています。

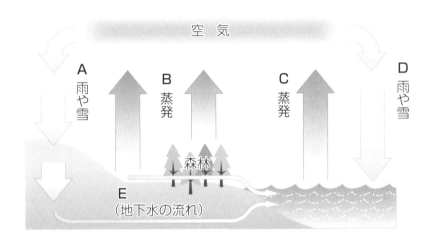

1 上の図の中の記号を使って，大地が保つ水の量の変化を式で表したものを，次のア〜エの中から１つ選び，記号を書きなさい。（15点）
　ア　A＋B－E　　イ　A－B－E　　ウ　A＋E－B　　エ　E－B＋A

　　　　　　　　　　　　　　　　　　　　　　　　　　（　　　　）

2 上の図の中の記号を使って，海が保つ水の量の変化を式で表したものを，次のア〜エの中から１つ選び，記号を書きなさい。（15点）
　ア　C＋D－E　　イ　C－D－E　　ウ　C＋E－D　　エ　D＋E－C

　　　　　　　　　　　　　　　　　　　　　　　　　　（　　　　）

3 （ ① ）に入る言葉として最も適切なものを，次のア〜ウの中から１つ選び，記号を書きなさい。（15点）
　ア　ほぼ一定の量　　イ　陸のほうがふえていくよう
　ウ　海や湖のほうがふえていくよう

　　　　　　　　　　　　　　　　　　　　　　　　　　（　　　　）

1 気象観測に関する，次の文について，あとの問いに答えなさい。(20点)

> 「地域気象観測システム」は，日本全国につくられた無人の気象観測装置を使い，（　①　）量・気温・風のふく速さ・風がふいてくる向き・日が照った時間などを自動的に調べ，それらのデータを気象庁や全国の気象台などに送るシステムです。
>
> 日本の気象衛星は，太平洋の赤道の上空約36000kmを回っていて，広いはん囲の雲のようすや海面の温度などを観測しています。この気象衛星の画像の数日間の変化を見ると，日本の上空では雲が西から東へと動いていくのがわかります。

1　（　①　）に入る適当な言葉を，漢字1字で書きなさい。(10点)

2　「地域気象観測システム」は，何という名前でよばれていますか。名前をカタカナで書きなさい。(10点)

（　　　　　　　　　　　　）

2 明石市と仙台市のいずれかで，連続した3日間の気温を3時間ごとに調べ，下の図のようなグラフに表しました。1日の気温の差は，晴れのときは大きく，くもりのときは小さく，雨のときは気温がほぼ一定であるものとします。広島市での天気は1日目は1日中雨で，横浜市では1日中くもり空でした。2日目と3日目は広島市ではともに1日中晴れで，その後も晴れの天気が続きましたが，横浜市では2日目が雨で，3日目にようやく晴れました。これについて，あとの問いに答えなさい。(80点)

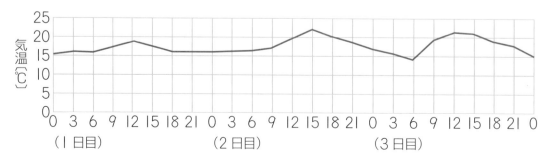

1　１日目，広島市では雨でしたが，この後，明石市や横浜市での天気はどのように
なると考えられますか。次の**ア・イ**の中から１つ選び，記号を書きなさい。

（10点）

ア　晴れが続く。　　　**イ**　雨がふり出す。　　　　　　（　　　　）

2　グラフの１日目の気温の変化から，観測地点での１日目の天気として考えら
れる最も適切なものを，次の**ア～エ**の中から１つ選び，記号を書きなさい。

（10点）

ア　雨のちくもりのち晴れ　　**イ**　くもりのち雨
ウ　１日中晴れ　　　　　　　　**エ**　晴れのちくもり　　（　　　　）

3　グラフの２日目の気温の変化から，観測地点での２日目の天気として考えら
れる最も適切なものを，**2**の**ア～エ**の中から１つ選び，記号を書きなさい。

（10点）

（　　　　）

4　グラフの３日目の気温の変化から，観測地点での３日目の天気として考えら
れる最も適切なものを，**2**の**ア～エ**の中から１つ選び，記号を書きなさい。

（10点）

（　　　　）

5　グラフは，明石市と仙台市のどちらでの観測結果と考えられますか。**ア・イ**の
中から１つ選び，記号を書きなさい。（10点）
ア　明石市　　**イ**　仙台市　　　　　　　　　　　　　　（　　　　）

6　このように広島市，明石市と横浜市の天気の変化から考えて，日本の天気は次
のように移りかわると考えられます。（　①　）～（　⑤　）に入る言葉をあと
の**ア～オ**の中から１つずつ選び，記号を書きなさい。（各６点）

> 天気は（　①　）→（　②　）→（　③　）の順番に移りかわっていま
> す。これは，日本上空にふいているへん西風という風のえいきょうで，雲が
> （　④　）から（　⑤　）に移動するからです。このため，地上の天気も
> （　④　）から（　⑤　）へと変化します。

ア　広島市　　**イ**　明石市　　**ウ**　横浜市　　**エ**　東　　**オ**　西

①（　　　　）　②（　　　　）　③（　　　　）

④（　　　　）　⑤（　　　　）

学習日　　月　日

得点　　／100点

1 台風について書かれた次の文の①〜⑤について，あとの問いに答えなさい。

(50点)

> 　台風は，日本よりも（　①　）の赤道付近のあたたかい（　②　）の上で発生します。台風は上空の（　③　）によって流され，地球の自転（地球自身が１日に１回転すること）のえいきょうもあり北へ向かいます。日本付近では夏から秋によくやってきて，へん西風のえいきょうで（　④　）に移動することが多いです。日本では，台風が近づくと雨が（　⑤　），風は強くなります。

1　①に入る４方位を漢字１字で書きなさい。（10点）

2　②にあてはまる言葉を，次のア〜エの中から１つ選び，記号を書きなさい。
　ア　国　　イ　大陸　　ウ　海　　エ　島　　　　　　　　　　（10点）
　　　　　　　　　　　　　　　　　　　　　　　　　（　　　　）

3　③にあてはまる言葉を，次のア〜エの中から１つ選び，記号を書きなさい。
　ア　鳥　　イ　雲　　ウ　風　　エ　太陽　　　　　　　　　　（10点）
　　　　　　　　　　　　　　　　　　　　　　　　　（　　　　）

4　④にあてはまる向きを，次のア〜エの中から１つ選び，記号を書きなさい。

（10点）

　ア　西（南西）から東（北東）　　イ　北（北東）から南（南西）
　ウ　東（南東）から西（北西）　　エ　北（北西）から南（南東）

　　　　　　　　　　　　　　　　　　　　　　　　　（　　　　）

5　⑤にあてはまる言葉を，次のア〜エの中から１つ選び，記号を書きなさい。

（10点）

　ア　雪にかわり　　イ　やんでしまい
　ウ　弱くなり　　　エ　はげしくなり

　　　　　　　　　　　　　　　　　　　　　　　　　（　　　　）

2 右の図のように，台風は温度の高い空気があるところで発生します。次の問いに答えなさい。（20点）

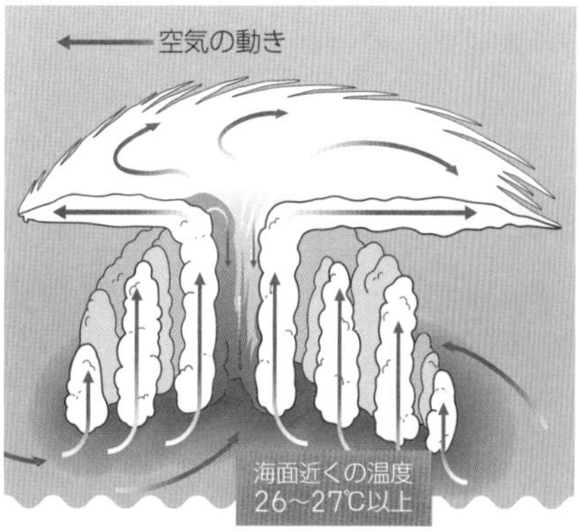

空気の動き

海面近くの温度
26〜27℃以上

台風の断面図

1 図から考えて，台風は「上昇気流（下から上に空気が上がること）」「下降気流（上から下に空気が下がること）」のどちらで発生しますか。上昇気流の場合は「上」，下降気流の場合は「下」と書きなさい。（10点）

（　　　　　）

2 台風は何をとりこむことで大きくなると考えられますか。次の**ア〜エ**の中から１つ選び，記号で書きなさい。（10点）
ア 酸素　　**イ** 二酸化炭素　　**ウ** 水蒸気　　**エ** 土

（　　　　　）

3 台風による災害はいろいろなものがあります。たとえば，強い風の力でいろいろなものをこわしてしまうことがあります。台風について書かれた次の文が正しければ○，まちがっていれば×を書きなさい。（各6点）
1 強い風がふいて，樹木がたおれることがある。
2 海の近くでは，道路や周辺の民家が海水につかることがある。
3 大雨により，土砂くずれが起きることがある。
4 台風は日本に毎年，１年間にやってくる個数は決まっている。
5 農作物が大雨で収穫できなくなることがある。

1（　　　　　）　2（　　　　　）　3（　　　　　）

4（　　　　　）　5（　　　　　）

1　次の図は，台風の進路や風の強さを予想したものです。ある時点での台風の中心は「×」で表されます。そのすぐ外にある円は，風速毎秒 25 m以上のとても強い風がふくはん囲で「暴風域」とよばれます。暴風域の外側にある円は，風速毎秒 15 m以上の強い風のふくはん囲で「強風域」とよばれています。また，12 時間後，24 時間後，48 時間後，72 時間後に，台風の中心がくる可能性があるはん囲を「予報円」，予報円の外側には「暴風警戒域」とよばれ，12 時間後，24 時間後，48 時間後，72 時間後に，風速毎秒 25 m以上のとても強い風がふくおそれがあるはん囲を表す円があります。

　「暴風域」「強風域」「予報円」「暴風警戒域」を図のア〜エの中からそれぞれ 1 つずつ選び，記号を書きなさい。　　　　　　　　　　　（各 10 点）

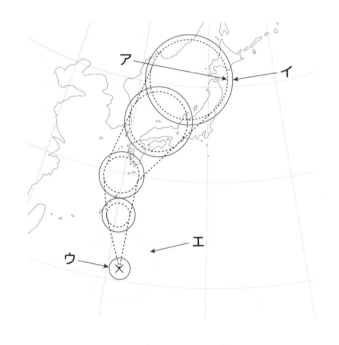

暴風域 （　　　　　）　　強風域 （　　　　　）

予報円 （　　　　　）　　暴風警戒域 （　　　　　）

2 台風の進路はいつも同じではなく，日本から見た場合，夏から秋にかけて西側からだんだん東側へかわっていくことが知られています。このことをふまえて，次の問いに答えなさい。

(30点)

1 図は，7月から10月までの日本付近の台風の主な通り道を表しています。**ア～エ**は何月の台風の通り道ですか。（各5点）

ア（　　　　）月　イ（　　　　）月

ウ（　　　　）月　エ（　　　　）月

→ 主な経路

2 台風が通過した後に「台風一過」という言葉をよく使います。「台風一過」について，台風が通過したあとの空のようすを思い出しながら，簡単に説明しなさい。(10点)

（　　　　　　　　　　　　　　　　　　　　　　　　　　　　　　　　）

3 台風の中心のことを「台風の（　①　）」とよびます。これについて，次の問いに答えなさい。(30点)

1 「台風の（　①　）」の（　①　）の部分に入る，人の体の一部の名前を漢字で答えなさい。(10点)

2 「台風の（　①　）」に入ると，雨や風はどのような状態ですか。次の**ア～エ**の中から1つ選び，記号で書きなさい。(10点)

ア　風は強いが，雨は弱い。　　イ　雨は強いが，風は弱い。

ウ　雨も風も弱い。　　　　　　エ　雨も風も強い。

（　　　　）

3 「台風の（　①　）」がどこを通過することを「日本に上陸する」といいますか。テレビなどの天気予報を思い出しながら，次の**ア～ウ**の中から1つ選び，記号で書きなさい。(10点)

ア　北海道・本州・四国・九州の内の1つでも上を通過すること。

イ　北海道・本州・四国・九州の内の2つ以上の上を通過すること。

ウ　北海道・本州・四国・九州の内の3つ以上の上を通過すること。

（　　　　）

23　流れる水のはたらき ①

1　流れる水の３つのはたらきについて，**1 ～ 3** の文の内容と最も関係の深いものを，次の**ア～ウ**の中からそれぞれ１つずつ選び，記号を書きなさい。ただし，同じ記号は使えないものとします。（30点）

> **ア** しん食　　**イ** 運ぱん　　**ウ** たい積

1　川の曲がっている所の外側は，がけになっている。（10点）

（　　　）

2　川の曲がっている所の内側は，外側に比べて小さなれきや砂が多い。（10点）

（　　　）

3　川の上流で流されていたれきが，止まることなく下流付近でも流されていた。
（10点）

（　　　）

2　次の図は，川の曲がっている所を簡単に表したものです。これについて，あとの問いに答えなさい。（50点）

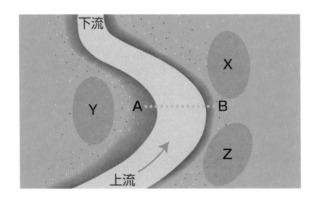

1 　図の**A－B**の地点で，流れる水の速さはどのようになっていますか。次の**ア～ウ**の中から１つ選び，記号を書きなさい。（10点）

　ア　**A**側のほうがおそく，**B**側のほうが速い。

　イ　**B**側のほうがおそく，**A**側のほうが速い。

　ウ　まん中あたりが速く，**A**側と**B**側はどちらも同じくらいおそい。

（　　　　　）

2 　上流側から見て，図の**A－B**の地点の断面を正しく表した図を，次の**ア～ウ**の中から１つ選び，記号を書きなさい。（10点）

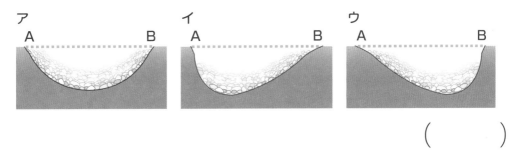

（　　　　　）

3 　図のあたりで川遊びをするとき，一番安全であると考えられるのはどこですか。図の**X～Z**の中から１つ選び，記号を書きなさい。（15点）

（　　　　　）

4 　水の流れの量が大きくかわることなく長い年月がたつと，図の川はどのように変化しますか。次の**ア，イ**から正しいほうを選び，記号を書きなさい。（15点）

　ア　曲がり方がだんだんゆるやかになっていく。

　イ　曲がり方がだんだんきつく（大きく）なっていく。

（　　　　　）

3　川のまっすぐな所では，真ん中あたりが一番流れが速く，川岸に近づくほど流れがおそくなります。川岸に近い所で流れがおそくなる理由を書きなさい。（20点）

（
　
　
　
　
　
）

学習日

月　日

得点

/100点

1　次の表は，川のようすについてまとめたものです。表の中の **1 〜 14** に入る言葉として正しいものを，あとの**ア〜セ**の中からそれぞれ１つずつ選び，記号を書きなさい。ただし，同じ記号は１回しか使えないものとします。（各５点）

	上流	〜	下流
流れる水の速さ	1	←→	2
水の量	3	←→	4
川のはば	5	←→	6
川の両岸	7	←→	8
水のとう明度	9	←→	10
水の温度	11	←→	12
川の付近の石	13	←→	14

ア 多い　　　　　**イ** 少ない　　　　**ウ** 川原が広がっている

エ 切り立ったがけ　**オ** 丸みをおびている　**カ** 角ばっている

キ 高い　　　　　**ク** 低い　　　　　**ケ** 速い

コ おそい　　　　**サ** 広い　　　　　**シ** せまい

ス すんでいる　　**セ** にごっている

1 (　　　　) 2 (　　　　　) 3 (　　　　　) 4 (　　　　　　)

5 (　　　　) 6 (　　　　　) 7 (　　　　　) 8 (　　　　　)

9 (　　　　) 10 (　　　　　) 11 (　　　　　) 12 (　　　　　)

13 (　　　　) 14 (　　　　　)

2　次のグラフは，ある川A〜Fの河口からのきょりと標高（海水面からの高さ）の関係を表したものです。これについて，あとの問いに答えなさい。（30点）

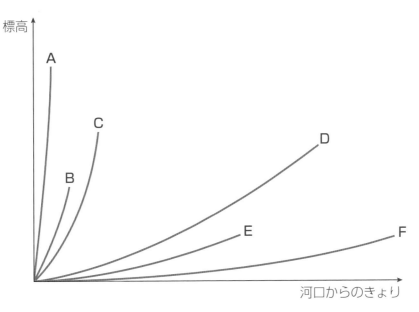

1　このグラフから川のどのようなことがわかりますか。わかることとして正しいものを，次のア〜ウの中から１つ選び，記号を書きなさい。（10点）

　ア　深さ（水深）　　**イ**　かたむき（こう配）　　**ウ**　広さ（川はば）

（　　　　）

2　グラフ上で見たとき，最も水の流れがおそい川だと考えられるものはどの川ですか。A〜Fの中から１つ選び，記号を書きなさい。（10点）

（　　　　）

3　グラフ上で見たとき，最も急な川だと考えられるものはどの川ですか。A〜Fの中から１つ選び，記号を書きなさい。（10点）

（　　　　）

25 流れる水のはたらき ③

1 次の**ア**～**ウ**の写真は，川の上流・中流・下流のいずれかのようすを表したものです。これについて，あとの問いに答えなさい。(40点)

ア

イ

ウ

1 川の中流のようすを表したものを，上の**ア**～**ウ**の写真から１つ選び，記号を書きなさい。(10点)

（　　　　）

2 両側ががけで，谷がV字の形をした地形を何といいますか。また，その地形は，上の**ア**～**ウ**のどの場所でよく見られますか。地形の名前を書き，最もよく見られる場所を**ア**～**ウ**の中から１つ選び，記号を書きなさい。(各10点)

地形の名前（　　　　　　　）　記号（　　　　）

3 **ア**の写真のあたりでは，川底に石や砂がたまりやすくなり，やがて水面から出て三角形の島のような地形が見られることがあります。この地形を何といいますか。名前を書きなさい。(10点)

（　　　　）

2 次の文章は，蛇行（蛇のように曲がりくねった川）と三日月湖（三日月の形をした湖）について説明したものです。これについて，あとの問いに答えなさい。(60点)

> 　川の曲がった所では，外側より内側のほうが流れがおそいので，内側では（　**A**　）のはたらきが大きくなります。そのため，内側はれきや砂が積もりやすく，川原がよく見られます。一方，外側のほうは流れが速いので，（　**B**　）のはたらきが大きくなります。そのため，外側は土がけずられやすく，川岸ではがけがよく見られます。これらの結果，川の曲がり方がきつくなっていきます。このようすを蛇行といいます。
>
> 　平野部での蛇行は，大雨がふってたくさんの水が上流や中流から急に流れてきたとき，（　**C**　）の原因となるため，人工的に川をまっすぐにして，自然災害を防ぐことがあります。一方で，（　**C**　）で川の流れる進路がかわってしまうこともあります。これらによって，もともと（　**D**　）場所が湖としてとり残されます。こうしてできた地形を，三日月湖といいます（多くの場合，三日月のような形をしているため，そうよばれています）。

1　**A**，**B**にあてはまる言葉は何ですか。それぞれ「たい積」・「しん食」のどちらかを書きなさい。(各10点)

A（　　　　　）　B（　　　　　）

2　大雨がふったときに起こる自然災害である，**C**にあてはまる言葉を書きなさい。(10点)

（　　　　　　）

3　**D**にあてはまる言葉として正しいものを，次の**ア～エ**の中から１つ選び，記号を書きなさい。(10点)
　ア　水がなかった　　**イ**　湖だった　　**ウ**　川だった　　**エ**　山だった

（　　　　）

4　上の文章を参考にして，蛇行から三日月湖ができるまでの順に，次の**ア～エ**の図をならべかえ，記号を書きなさい。(20点)

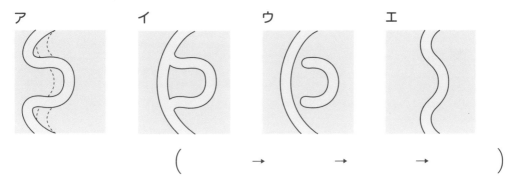

（　　　→　　　→　　　→　　　）

26 流れる水のはたらき ④

1 ふだんおだやかに流れている川でも，大雨などで水の量が多くなり，水の流れがとても速くなることがあります。その結果，川から水があふれてしまう災害のことをこう水といいます。こう水を防ぐためのとり組みについて，次の問いに答えなさい。

(50点)

1 こう水を防ぐために，川岸に土や石などを用いてもり上げたもの（コンクリートで補強している場合もある）は何ですか。名前を書きなさい。(10点)

（　　　　　　）

2 1をつくっても，川底に小石や砂が積もってしまうと，またこう水のおそれが出てきます。そこで，再び川岸の1を高くすることがあります。これをくり返すことによって，どんな地形ができますか。なお，このようにしてできた地形は天井川とよばれます。この名前を参考に，次の**ア〜エ**の中から1つ選び，記号を書きなさい。(15点)

ア 人が川岸の近くを歩けなくなってしまう地形。
イ 川底が川の周りの土地よりも高くなってしまう地形。
ウ 水深が川はばよりも深くなってしまう地形。
エ 川の流れが完全に止まってしまう地形。

（　　　　　　）

3 2がV字谷・三角州などの地形とはちがった特ちょうとして正しいものを，次の**ア〜ウ**の中から1つ選び，記号を書きなさい。(15点)

ア 積もらせるはたらきがおもな原因となってできる地形である。
イ 自然の中では見られない地形である。
ウ 周辺で果樹園などの作物を育てるのに適した地形である。

（　　　　　　）

4 1をつくったことによる問題点として正しいものを，次の**ア〜ウ**の中から1つ選び，記号を書きなさい。(10点)

ア 川の水温が異常に高くなる。
イ 川の流れが弱まり，川全体に海水が混ざってしまう。
ウ 周辺の自然環境がこわされてしまう。

（　　　　　　）

2 　川の上流では，雨水をたくわえて，川の水の量を調整することでこう水を防いだり，わたしたちの生活に使うために水をためておいたりする施設が見られます。この施設について，次の問いに答えなさい。(50点)

　1　この施設の名前を何といいますか。名前を書きなさい。(15点)

（　　　　　）

　2　川の上流には石や砂が一度に流れてしまうことを防ぐ施設があります。この施設の名前を特に何といいますか。名前を書きなさい。(15点)

（　　　　　）

　3　下の図は，ある1の施設を表したものです。図にある通り，水をためておく部分の面積は20万m^{2}で，水面からあふれてしまう上限まで8mあります。今，雨がふっており，周りから施設に集まる水をふくめて1時間に4億Lの水がこの施設に集まります。この雨が10時間続く場合，この施設から1分あたり何万L以上の水を出せば，10時間後に水があふれないようにできますか。数字を書きなさい。ただし，1Lは1000cm^{3}で，水の蒸発は考えなくてよいものとします。(20点)

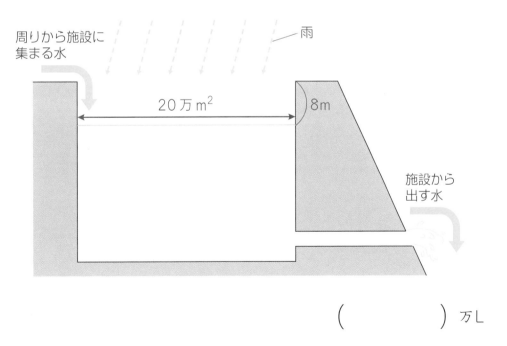

（　　　　　）万L

人のたんじょう ／ 雲と天気の変化 ／ 台風 ／ 流れる水のはたらき

卵生と胎生

　第15回「人のたんじょう③」にあったように，背ぼね（背中にあるほね）がある動物をせきつい動物といいます。これらの動物を分類するときにおいて，魚類（メダカなど），両生類（カエルなど），は虫類（カメ・ヘビなど），鳥類（ニワトリ・ハトなど）は，卵から生まれます。母親が卵をうみ，卵の中で成長し，生まれることを「卵生」といいます。一方，ほ乳類（人・ウシなど）は親と似たすがたの子が生まれます。母親の体の中で成長し，親と似たすがたの子が生まれることを「胎生」といいます。

　しかし，生き物の世界ではさまざまな例外があります。例えば，ほ乳類の中でもカモノハシとハリモグラは，ほ乳類でありながら卵を産みます。卵から生まれた子は，母親から乳をもらって育ちます。

　また，グッピーという魚類は，母親が卵を体内でかえし，子の状態で生まれてきます。胎生といえそうですが，親の体内では卵の養分を使って成長するので，卵生ともいえます。このような，卵生とも胎生ともいえるような生まれ方を「卵胎生」といいます。卵胎生の動物はグッピーのほかに，一部のサメやエイ，ヘビのなかまにもいます。生き物って不思議ですね。

飛行機雲

　空を見ていると，たまに一直線に尾がのびたような飛行機雲を見かけることがあります。飛行機雲はどのようにしてできるのでしょうか。

　飛行機にもいろいろな種類がありますが，ここではジェットエンジンというものを使って空を飛ぶジェット機を考えてみます。

　ジェットエンジンは灯油に近い燃料を燃やすことで，推進力をえています。灯油（に近いもの）は燃えると二酸化炭素と水蒸気を出します。ここで注目するのは水蒸気です。ジェット機は数千メートル上空を飛ぶことが多いため，まわりの空気はひじょうに冷えています。ジェット機から放出された水蒸気はまわりの空気で一気に冷やされて細かな水てきや氷のつぶとなり，ジェット機の航路にそって雲がのびていくことになります。これが飛行機雲なのです。「冬の寒い朝に息をはくと白くなる」という現象と似ていますね。

👑 台風によるいろいろな被害

　台風による被害としては，強風によって木や建物がたおされたり，大雨によってこう水が発生したり，土砂くずれが起きたりといったことがあげられます。

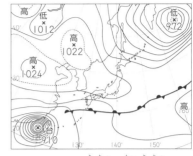

　テレビニュースなどで，たまに「高潮」という言葉を耳にします。今回はこの高潮による被害を考えてみます。

　新聞やテレビなどでは，図のような天気図をよく目にします。天気図にはさまざまな数字が書かれており，これらは気圧（大気圧）というものを表しています。気圧（大気圧）は空気が地面または海水面をおす力のことです。台風のように空気がはげしく上昇している所では空気がうすくなって気圧（大気圧）が下がります。気圧（大気圧）が下がると，気圧（大気圧）が海水面をおさえつけていた力が弱まり，海水面が上昇します。このような現象を高潮とよびます。高潮が発生すると海岸地いきに海水がおしよせてくるので，注意が必要です。

　なお，地震や火山活動による海底地形の変化によって発生するのは津波です。津波と高潮はことなる現象ですので，まちがえないように気をつけましょう。

👑 グランド・キャニオン

　グランド・キャニオンとは，「大きな谷」という意味です。グランド・キャニオンはアメリカ合衆国のアリゾナ州という場所にあり，平均して高さ1200mのがけが続いているのが見られます。

　さて，流れる水のはたらきには，けずるはたらき，運ぶはたらき，積もらせるはたらきの3つがあります。

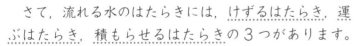

グランド・キャニオンは，流れる水のはたらきのうち，おもにけずるはたらきによって誕生しました。

　グランド・キャニオンにはコロラド川という大きな川が流れており，このコロラド川を流れる水が少しずつ少しずつ川の底の地面をけずりとって，グランド・キャニオンが形成されたのです。コロラド川を流れる水が川の底の地面をけずりとった期間は数千万年ともいわれています。「ちりも積もれば山となる。」ということわざがありますが，この場合は「川の水がけずりとれば大きな谷となる。」といった感じでしょうか。

27 ふりこの運動 ①

1 図のように天井から糸とおもりをつなげてふりこを作りました。おもりを糸がたるまないように**A**の位置まで持ち上げて静かに手をはなしふりこをふりました。次の問いに答えなさい。ただし，糸の重さは考えなくてよいものとします。(40点)

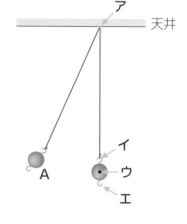

1　図の中でふりこの支点はどこですか。図の**ア～エ**の中から１つ選び，記号を書きなさい。(10点)

（　　　　　　）

2　図の中でふりこの長さはどこからどこまでの長さですか。図の**ア～エ**の中から１つずつ選び，記号を書きなさい。(10点)

（　　　　から　　　　までの長さ）

3　直径10cmで200gのおもりと50cmの糸をつなげてできたふりこの長さは，何cmですか。書きなさい。(10点)

（　　　　　　）cm

4　**3**と同じおもりを用いて，**3**で正しく答えたふりこの長さを２倍にするには何cmの糸につなげばよいですか。書きなさい。(10点)

（　　　　　　）cm

2 図のように，天井から糸とおもりをつなげてふりこを作りました。図の**A**まで糸がたるまないように手で持ち上げ，静かに手をはなしふりこをふらせました。おもりが天井につなげた真下にあるときを**B**，最も右まで動いたときを**C**とします。次の問いに答えなさい。ただし，空気抵抗や支点でのまさつは考えなくてよいものとします。(60点)

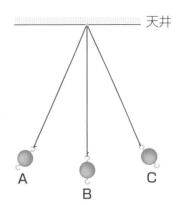

1 **A**から手を静かにはなすと，ふりこはどの順に１往復しますか。**A**から順に図の**A**～**C**の中から，１つずつ選び，記号を書きなさい。ただし，同じ記号を何度でも使ってもよいものとします。(10点)

(**A** → □ → □ → □ → □)

2 **A**から**B**までのおもりのふれるきょりと**B**から**C**までのおもりのふれるきょりはどちらが長いですか。次の**ア**～**ウ**の中から１つ選び，記号を書きなさい。

ア Aから**B**　　　**イ B**から**C**　　　**ウ**　両方とも同じ　　　(10点)

(　　)

3 最も速くおもりが動くのはどこですか。図の**A**～**C**の中から１つ選び，記号を書きなさい。(10点)

(　　)

4 ふりはじめの**A**の位置と**C**の位置ではどちらのほうが高い位置になりますか。記号を書きなさい。ただし，**A**と**C**の高さが同じ場合は「同じ」と書きなさい。

(10点)

(　　)

5 図の**A**から糸がたるまないようにおもりに力をあたえてふらせました。最も右まで動いたときの位置は，**A**から静かに手をはなしたときと比べるとどのようなちがいがみられますか。変化のようすを表した文として正しくなるように**ア**，**イ**の中の語句をそれぞれ選び，○で囲みなさい。(各10点)

おもりを運動させたときに最も右まで動いた位置は，図の**C**の位置と比べると

ア [　右になる。　　・　　左になる。　　・　　同じ位置になる。　]

また，高さは図の**C**の位置と比べると

イ [　高くなる。　　・　　低くなる。　　・　　同じ高さになる。　]

28　ふりこの運動 ②

1　ふりこの周期とは，ふりこが１往復するのにかかる時間のことです。さとるさんは，いろいろな条件（じょうけん）でのふりこの周期を調べる実験をするための準備（じゅんび）をしていると，先生から「10往復するのにかかる時間を何回かはかって計算したほうがよい。」と助言をいただきました。そこで，10往復するのにかかる時間を３回はか

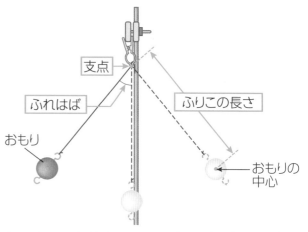

ることにしました。表１は用意したふりこの条件をまとめたもので，表２～表４は実験結果をまとめたものです。あとの問いに答えなさい。ただし，この問題でのふりこの長さ，ふれはばは，図に表した部分とします。（100点）

表１　用意したふりことふれはば

実験	①	②	③	④	⑤	⑥	⑦	⑧	⑨
おもりの重さ（g）	100	100	100	200	400	100	100	100	200
ふりこの長さ（cm）	100	100	100	100	100	25	400	900	225
ふれはば（°）	5	10	15	5	5	5	5	5	10

表２　実験①，②，③のふれはばと10往復するのにかかった時間と周期

実験	ふれはば（°）	１回目（秒）	２回目（秒）	３回目（秒）	平均（へいきん）（秒）	周期（秒）
①	5	20.3	20.1	20.2	20.2	2.0
②	10	20.1	20.0	20.2	A	C
③	15	20.0	19.8	20.2	B	D

表３　実験①，④，⑤のおもりの重さと周期

実験	おもりの重さ（g）	周期（秒）
①	100	2.0
④	200	2.0
⑤	400	2.0

表４　実験①，⑥，⑦，⑧のふりこの長さと周期

実験	ふりこの長さ（cm）	周期（秒）
①	100	2.0
⑥	25	1.0
⑦	400	4.0
⑧	900	6.0

1　先生はなぜ10往復するのにかかる時間を測定するように助言したのでしょうか。次の**ア〜エ**の中から１つ選び，記号を書きなさい。(20点)

　ア　10往復すると，おもりの運動がおそくなるので，測定しやすくなるため。

　イ　10往復する時間があれば，次の実験の準備ができるため。

　ウ　１往復する時間はとても短いので，正確に測定するのは難しいため。

　エ　１往復する時間はとても短いので，おもりの運動が見えないため。

（　　　　　）

2　表2の実験①，②，③の10往復するのにかかる時間の平均（いろいろな数をならして等しい大きさの数にすること）**A**，**B**を答えなさい。また，ふりこの周期**C**，**D**を答えなさい。ただし，ふりこの周期については小数第２位を四捨五入して小数第１位まで答えなさい。(各5点)

A（　　　　　）　B（　　　　　）

C（　　　　　）　D（　　　　　）

3　表2の実験①，②，③からわかる，ふりこの周期について，次の**ア〜ウ**の中から１つ選び，記号を書きなさい。(15点)

　ア　ふれはばを大きくすると周期は長くなる。

　イ　ふれはばを大きくすると周期は短くなる。

　ウ　ふれはばを大きくしても周期はかわらない。

（　　　　　）

4　実験①，④，⑤について，表2と同様に実験結果からふりこの周期を計算すると，表3のようになりました。実験①，④，⑤からわかる，ふりこの周期について，次の**ア〜ウ**の中から１つ選び，記号を書きなさい。(15点)

　ア　おもりを重くすると周期は長くなる。

　イ　おもりを重くすると周期は短くなる。

　ウ　おもりを重くしても周期はかわらない。

（　　　　　）

5　実験①，⑥，⑦，⑧について，表2と同様に実験結果からふりこの周期を計算すると，表4のようになりました。実験①，⑥，⑦，⑧からわかる，ふりこの周期について，次の**ア〜ウ**の中から１つ選び，記号を書きなさい。(15点)

　ア　ふりこの長さを長くすると周期は長くなる。

　イ　ふりこの長さを長くすると周期は短くなる。

　ウ　ふりこの長さを長くしても周期はかわらない。

（　　　　　）

6　実験①〜⑧からわかるふりこの周期の性質を用いて，実験⑨のふりこの周期を小数第２位を四捨五入して小数第１位まで答えなさい。(15点)

（　　　　　）秒

29　ふりこの運動 ③

1 おもりと糸を用いてふりこを作り，天井から下げました。右の図の**A**の位置まで糸がたるまないようにおもりを手で持ち上げ静かにはなすと，**A**から**E**まで動き，**E**から**A**へと往復運動をくりかえしました。右の図の○がついた角度はすべて等しいものとします。空気抵抗や支点でのまさつは考えなくてよいものとし，次の問いに答えなさい。（50点）

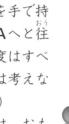
天井

A B C D E

1　往復している間におもりが最も速く運動するのは，おもりがどの位置にあるときですか。図の**A**～**E**の中から１つ選び，記号を書きなさい。（5点）

（　　　　　）

2　**1**で正しく答えた位置のおもりの動きをより速くするためには，どのようにすればよいですか。次の**ア**～**エ**の中から１つ選び，記号を書きなさい。（5点）
　ア　おもりを重いものにかえる。
　イ　おもりを軽いものにかえる。
　ウ　はじめに持ち上げる高さを高くする。
　エ　はじめに持ち上げる高さを低くする。

（　　　　　）

3　図のふりこが10往復するのにかかる時間を3回測定すると20.3秒，19.6秒，20.1秒でした。ふりこが1往復するのにかかる時間を小数第2位を四捨五入して小数第1位まで答えなさい。（10点）

（　　　　　）秒

4　**3**をふまえて，ふりこを**A**からふりはじめて1.0秒後には，おもりはどの位置にありますか。次の**ア**～**ケ**の中から１つ選び，記号を書きなさい。（10点）
　ア **A**　　**イ** **A**と**B**の間　　**ウ** **B**　　**エ** **B**と**C**の間
　オ **C**　　**カ** **C**と**D**の間　　**キ** **D**　　**ク** **D**と**E**の間
　ケ **E**

（　　　　　）

5　ふりこを**A**からふりはじめて5.5秒後には，おもりはどの位置にありますか。**4**の**ア**～**ケ**の中から１つ選び，記号を書きなさい。（10点）

（　　　　　）

6　ふりこを**A**からふりはじめて0.25秒後には，おもりはどの位置にありますか。**4**の**ア**～**ケ**の中から１つ選び，記号を書きなさい。（10点）

（　　　　　）

2 　右の図のようにおもりを斜面から静かにはなして転がしました。はじめのおもりの高さや斜面の角度をかえて，15mの水平面を進むのにかかる時間を調べると，次の表のようになりました。斜面上でのおもりの動きは，ふりこの動きと同じように，静かにはなしてからだんだん

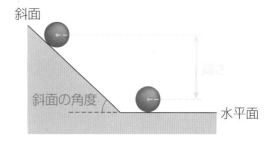

斜面

高さ

斜面の角度

水平面

と速くなり，最下点で最も速くなります。このことを参考にしながら，あとの問いに答えなさい。なお，空気抵抗や斜面のまさつはないものとします。(50点)

実験	①	②	③	④	⑤	⑥	⑦	⑧	⑨
おもりの重さ（g）	100	200	300	100	100	100	100	100	250
高さ（cm）	50	50	50	100	200	450	50	50	400
斜面の角度（°）	30	30	30	30	30	30	45	60	45
15mの水平面を進むのにかかる時間（秒）	4.8	4.8	4.8	3.4	2.4	1.6	4.8	4.8	X

1　水平面でおもりが最も速く運動したのはどの実験ですか。実験①～⑧の中から１つ選び，番号を書きなさい。(10点)

（　　　　　）

2　おもりの重さ・高さ・斜面の角度と水平面でのおもりの運動について，最も適当なものを次の**ア～ケ**の中から３つ選び，記号を書きなさい。(各10点)

　ア　おもりを重くするほど，水平面では速く進む。
　イ　おもりを軽くするほど，水平面では速く進む。
　ウ　おもりの重さをかえても，水平面での進む速さはかわらない。
　エ　おもりを高くするほど，水平面では速く運動する。
　オ　おもりを低くするほど，水平面では速く運動する。
　カ　おもりの高さをかえても，水平面での進む速さはかわらない。
　キ　斜面の角度を大きくすると，水平面では速く運動する。
　ク　斜面の角度を小さくすると，水平面では速く運動する。
　ケ　斜面の角度をかえても，水平面での進む速さはかわらない。

（　　　　）（　　　　）（　　　　）

3　表からわかる規則性を用いて，Xに入る数字を小数第１位まで答えなさい。
(10点)

（　　　　　）秒

1　2本の水平なぼうと，同じ大きさと重さのおもり，重さを考えなくてよいくらい軽い糸を用いて右の図のようなふりこを作りました。この装置において，同じ周期でふれるふりこが複数あるとき，少なくとも1つのふりこがふれていると，残りのふりこもふれる性質があります。また，下のぼうを持ち，前後にふらせると，ぼうのふる周期に近いふりこがふれます。これについて，次の問いに答えなさい。ただし，ふりこがふれているときにほかのふりこと当たらないようにふるものとします。(30点)

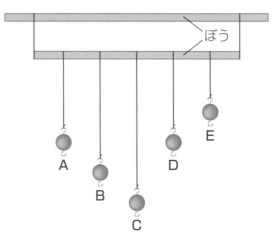

※AとDをつるす糸の長さは同じです。

1　Aをふらせて，しばらくすると1つだけ別のふりこがふれはじめました。ふれはじめるふりこを図のB〜Eの中から1つ選び，記号を書きなさい。(15点)

（　　　）

2　下のぼうを持ち，前後にふりました。はじめはゆっくりとふり，少しずつ速くしていった場合，はじめにふれはじめるふりこはどれですか。図のA〜Eの中から1つ選び，記号を書きなさい。(15点)

（　　　）

2　ふりこを用意し，右の図のように積み木を置きました。ふりこのふりはじめと最下点の高低差を高さとし，ふりこのおもりの重さ，高さ，積み木の重さをかえて，ふりこのおもりを積み木にしょうとつさせ，積み木がゆかを移動するきょりを調べる実験を行いました。表は実験の条件と結果をまとめたものです。あとの問いに答えなさい。

(70点)

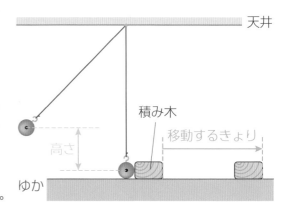

天井

積み木

移動するきょり

高さ

ゆか

実験	①	②	③	④	⑤	⑥	⑦	⑧
おもりの重さ（g）	100	100	100	100	200	200	200	200
高さ（cm）	10	20	30	10	10	20	10	10
積み木の重さ（g）	100	100	100	200	100	100	200	400
移動するきょり（cm）	4.0	8.0	12.0	1.8	7.1	14.2	4.0	1.8

1　実験①, ②, ③のうち, ふりはじめから積み木にしょうとつするまでの時間が最も短いものを1つ選び, 番号を書きなさい。ただし, 同じ場合は「同じ」と書きなさい。（10点）

（　　　　　　）

2　次の文のⅠ, Ⅱにあてはまる数字をそれぞれ書きなさい。（各10点）

> 実験①, ②, ③から, ふりはじめの高さを2倍にすると移動するきょりが（　Ⅰ　）倍になり, 高さを3倍にすると移動するきょりが（　Ⅱ　）倍になります。

Ⅰ（　　　　　　）　Ⅱ（　　　　　　）

3　次の文のⅢ, Ⅳには, 「長く」, 「短く」どちらかの言葉が入ります。それぞれ書きなさい。（各10点）

> 実験①, ④から積み木を重くすると移動するきょりが（　Ⅲ　）なり, 実験①, ⑤からおもりを重くすると移動するきょりが（　Ⅳ　）なります。

Ⅲ（　　　　　　）　Ⅳ（　　　　　　）

4　次の文のⅤ, Ⅵにあてはまる数字をそれぞれ書きなさい。（各10点）

> ふりはじめの高さを10cmとすると, 積み木の重さとおもりの重さが等しいとき, 移動するきょりは（　Ⅴ　）cmになり, 積み木の重さがおもりの重さの2倍のとき, 移動するきょりは（　Ⅵ　）cmになります。

Ⅴ（　　　　　）　Ⅵ（　　　　　）

電流のはたらき ①

1 電気や磁石について，次の問いに答えなさい。(50点)

1　電気を通すものを，次の**ア〜キ**の中からすべて選び，記号を書きなさい。(5点)

ア ガラスのコップ　　**イ** 鉄の画びょう　　**ウ** 竹のものさし

エ ノートの紙　　**オ** 十円玉

カ 鉄でできた缶の色がぬられている部分をはがした所

キ アルミ缶の色がぬられている部分をはがした所

（　　　　　　　　　　　）

2　磁石に引きつけられるものを，1の**ア〜キ**の中からすべて選び，記号を書きなさい。(5点)

（　　　　　　　　　　　）

3　磁石にはN極とS極があります。磁石のある極はN極から引きつけられる力を受け，S極からしりぞけ合う力を受けました。ある極とは何極ですか。「N極」・「S極」のどちらかを書きなさい。(10点)

（　　　　　　　）

4　**2**で正しく答えたものは，磁石のはたらきはもっていませんが，磁石に引きつけられます。磁石のどちらの極に引きつけられますか。「N極」・「S極」のどちらかを書きなさい。ただし，両方の極に引きつけられるときは，「両方」と書きなさい。(10点)

（　　　　　　　）

5　右の図のような棒磁石を二つに切ると，切ったあとのものも磁石のはたらきをもちました。図の①〜④の極は何極になりますか。「N極」・「S極」のどちらかを書きなさい。(各5点)

①（　　　　　　）

②（　　　　　　）

③（　　　　　　）

④（　　　　　　）

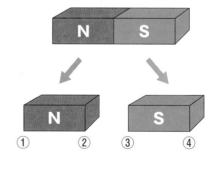

2 　右の図のように，ストローに導線を同じ向きに
50回まいたものに，かん電池とスイッチをつな
ぎました。スイッチを入れると，ストローに導線
をまいたものが磁石のはたらきをもちます。次の
問いに答えなさい。(50点)

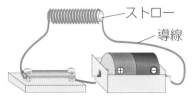
ストロー
導線

1 　導線を同じ向きに重ねてまいたものを，何と
いいますか。3字のカタカナで書きなさい。(10点)

2 　スイッチを入れた状態で，1の正しい答えのものに引きつけられるものは何
ですか。次の**ア～エ**の中から1つ選び，記号を書きなさい。引きつけられるも
のがない場合は「ない」と書きなさい。(10点)
　ア　アルミニウムの缶　　**イ**　とうきの茶わん
　ウ　ガラスのびん　　　　**エ**　銅のメダル

（　　　　　　）

3 　ストローの中にあるものを入れると，棒磁石のN極が強く引きつけられました。
あるものは何でできていますか。次の**ア～オ**の中から1つ選び，記号を書きな
さい。(10点)
　ア　木　**イ**　鉄　**ウ**　金　**エ**　銅　**オ**　アルミニウム

（　　　　　　）

4 　スイッチを入れて1の正しい答えのものの右側に棒磁石のN極を近づけると，
引きつけられる力を受けました。このとき右側は何極になりますか。「N極」・
「S極」のどちらかを書きなさい。(10点)

（　　　　　　）

5 　3でストローの中に入れたものをそのままにし，図のかん電池の＋極と－極
の向きを逆にしてスイッチを入れると，ストローに導線をまいたものが磁石の
はたらきをもちました。右側に引きつけられるのは何極になりますか。「N極」・
「S極」のどちらかを書きなさい。(10点)

（　　　　　　）

1 図丨のように, 棒磁石に鉄のクリップを２つつなげました。次の問いに答えなさい。(50点)

図丨

1　クリップをつけたとき, 磁石のはたらきをもつクリップについて書かれた文として正しいものを, 次の**ア～エ**の中から１つ選び, 記号を書きなさい。(10点)

　ア　上のクリップのみ磁石のはたらきをもつ。

　イ　下のクリップのみ磁石のはたらきをもつ。

　ウ　上と下のクリップ両方が磁石のはたらきをもつ。

　エ　上と下のクリップ両方が磁石のはたらきをもたない。

（　　　　　）

2　図丨の下のクリップの ◯ の部分に別の棒磁石のN極を近づけました。下のクリップはどのような力を受けますか。次の**ア～ウ**の中から１つ選び, 記号を書きなさい。(10点)

　ア　別の磁石のN極に引きつけられる力を受ける。

　イ　別の磁石のN極にしりぞけられる力を受ける。

　ウ　別の磁石のN極から力を受けない。

（　　　　　）

3　図２のように, 棒磁石のN極を鉄の針の左から右へ何回も同じ向きにこすると, 鉄の針が磁石のはたらきをもちます。針の先（右）は何極になりますか。「N極」・「S極」のどちらかを書きなさい。(10点)

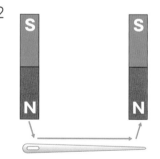

図２

（　　　　　）

4　3 でこすった鉄の針をスポンジにセロハンテープで固定して, 水を入れた水そうにうかべました。鉄の針の先はどの方位をさしますか。「北」・「南」・「東」・「西」のいずれかを書きなさい。(10点)

（　　　　　）

5　日本から見て, 地球の北極点は何極のはたらきをしていると考えることができますか。「N極」・「S極」のどちらかを書きなさい。(10点)

（　　　　　）

2 図１は電流計を表したものです。次の問いに答えなさい。
（50点）

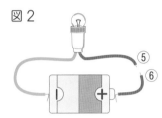

図１

500mA
50mA ↓ ┌5A
↓ ↓ ↓ ↓
① ② ③ ④

1 電流計には，①〜④の４つのたんしがあり，それぞれ「＋たんし」もしくは「−たんし」です。「−たんし」を図１の①〜④の中からすべて選び，番号を書きなさい。
（10点）

（　　　　　　　　　　　）

2 ある回路の電流の強さをはかるのに電流計を使います。どのくらいの強さの電流が流れているかわからない場合，はじめにどのたんしにつなぐとよいですか。図１の①〜④の中から２つ選び，番号を書きなさい。（10点）

（　　　　と　　　　）

3 かん電池１個を用いて豆電球１個に流れる電流の強さを調べるために，導線の一部を切って電流計につなぎました。電流計の＋たんしにつなぐのは図２の⑤・⑥のどちらですか。図２の⑤・⑥のどちらかを選び，番号を書きなさい。（10点）

図２

（　　　　　　）

4 図２の回路に電流計をつないで，豆電球に流れる電流を調べました。電流計のたんし②とたんし④をつないだとき，電流計の針が図３のようになりました。流れている電流の強さを単位をつけて答えなさい。（10点）

図３

（　　　　　　）

5 かん電池２個，豆電球２個を用いて，回路全体に流れる電流が最も強くなるのは，どのように回路を組んだときですか。豆電球，かん電池，電流計の回路記号を用いて，回路図をかきなさい。電流計の回路記号はⒶとします。ただし，豆電球２個は直列につなぐよりも並列につなぐほうが回路全体に流れる電流は強くなることが知られています。（10点）

33 電流のはたらき ③

1 コイルに電流が流れると磁石のはたらきをするようになります。次の問いに答えなさい。(50点)

1 図Ⅰのように，コイルに電流を流してコイルの左側と右側に方位磁針を置くとどのようにふれますか。次の**ア〜エ**の中からそれぞれ１つずつ選び，記号を書きなさい。ただし，同じ記号を何回使ってもかまわないものとします。なお，図の左側がS極になったものとします。(各15点)

図Ⅰ

北

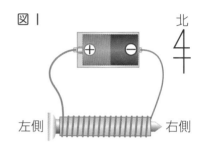

左側　　　　　右側

 ア

 イ

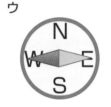 ウ

 エ

左側 (　　　　) 右側 (　　　　)

2 コイルに電流が流れたとき，右手を使ってN極，S極の向きを知ることができます。図２を参考にして，次の文の (　　) にあてはまる言葉を１つ選び，書きなさい。ただし，図の左側がN極になったものとします。(20点)

図２

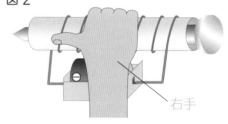

右手

> 図２のように，流れる電流の向きを４本の指先が示すように合わせてコイルを右手でにぎったとき，右手の (　親指・小指・人さし指　) の方向が電磁石のN極のはたらきを示します。

(　　　　　)

2 電磁石に引きつけられるクリップについて，次の問いに答えなさい。(50点)

同じ長さの導線，かん電池，鉄くぎを使って，３種類の回路をつくりました。回路Ⅰと回路Ⅱはストローに導線を100回まいたコイルを用い，回路Ⅲはストローに導線を200回まいたコイルを用いました。ただし，回路ⅠとⅡで余った導線は，コイルと別に置きます。また，回路Ⅰでは，かん電池１個とつなぎ，回路Ⅱと回路Ⅲでは，かん電池２個とつなぎ，回路Ⅰ，回路Ⅱ，回路Ⅲの電磁石にクリップをできるだけ多くつけると，回路Ⅲが最も多くつき，次に回路Ⅱが多くつきました。

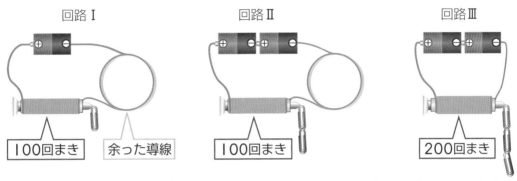

回路Ⅰ　　　　　　　　回路Ⅱ　　　　　　　　回路Ⅲ

100回まき　余った導線　　　100回まき　　　　200回まき

1　コイルにつくクリップの数を多くするには，どうすればよいですか。かん電池の数とコイルのまき数について書かれた次の文の（　①　）・（　②　）に「多くする」・「少なくする」のどちらかを入れて，文を完成させなさい。ただし，同じ言葉を何回使ってもよいものとします。（各15点）

> 直列つなぎのかん電池の数を（　①　）と，つくクリップの数がふえる。
> コイルのまき数を（　②　）と，つくクリップの数がふえる。

①（　　　　　　　）　②（　　　　　　　）

同じ長さで太さのちがう導線を，ストローに同じ数だけまいてコイルをつくり，回路Ⅳ，回路Ⅴを作りました。回路Ⅳ，回路Ⅴのコイルにクリップをできるだけ多くつけると，回路Ⅳのほうが，回路Ⅴよりも多くつきました。

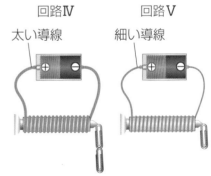

回路Ⅳ　　　　回路Ⅴ

太い導線　　　細い導線

2　コイルに用いる導線の太さと流れる電流の関係について書かれた次の文の（　　）に「強い」・「弱い」のどちらかを入れて，文を完成させなさい。（20点）

> かん電池の数が同じで，コイルのまき数も同じとき，導線の太さが太いもののほうが細いものよりも電流が（　　　　）。

（　　　　　）

学習日 　月　　日

得点 　　／100点

1 わたしたちの生活の中で, 電磁石はいろいろなものに使われています。あとの問いに答えなさい。(55点)

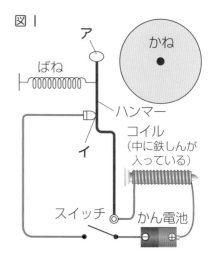

図1

ベルは, 電磁石のはたらきを使っている道具の1つです。図1のようなベルは1回スイッチを入れると, ハンマーがかねをたたき続けることによって, 音が鳴り続けます。次の①～④の文はハンマーがかねを何度もたたくしくみを説明したものです。

①スイッチを入れるとコイルに電流が (　A　) ので, コイルが電磁石のはたらきを得る。

②ハンマーがコイルに引きつけられて, 図1の**ア**がかねをたたく。

③ハンマーと導線の接点 (図1の**イ**) の部分がはなれて, コイルに電流が (　B　) ので, コイルは電磁石のはたらきがなくなり, ばねの力により図1の位置までハンマーがもどる。

④図1の位置にハンマーがもどると①と同じ状態になり①～③をくり返すので, スイッチを入れているときは図1の**ア**がかねを何度もたたき続ける。

1　①～④の文の中の (　A　)・(　B　) にあてはまる言葉を, 次の**ア**・**イ**の中からそれぞれ1つずつ選び, 記号を書きなさい。(各10点)
　ア　流れる　　**イ**　流れない

A (　　　　　) 　　B (　　　　　)

2　ハンマーはどのような材質でできていますか。次の**ア**～**エ**の中から1つ選び, 記号を書きなさい。(10点)
　ア　鉄　　**イ**　アルミニウム　　**ウ**　銅　　**エ**　金

(　　　　　)

3　かねをたたいているときのばねはどのような状態ですか。「のびている」・「ちぢんでいる」のどちらかを書きなさい。(10点)

(　　　　　)

76

モーターも，電磁石のはたらきを使っている道具の１つです。モーターのしくみを理解するために，図２のようなくぎのまわりに導線をまいてコイルをつくり，真ん中を木の棒で固定し，回転する装置をつくりました。

4　コイルに電流を流すと，木の棒を中心に反時計回り（図２の矢印の方向）に回転しました。図２のAは何極のはたらきをしていますか。「N極」・「S極」のどちらかを書きなさい。（15点）

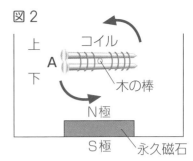

図２

（　　　　　）

2　導線に電流を流すと，導線のまわりに磁石の力が生じることが知られています。電流を流すと，コイルが磁石のはたらきをするのは，下線部の性質によるものです。また，何回も導線をまきつけているので，磁石の力は導線１本のときよりも強くなります。そこで，導線１本に本当に磁石の力がはたらいているのか調べるために，図のような回路を組み，導線の上に方位磁針を置きました。スイッチを入れる前はN極が北を指していましたが，スイッチを入れると，方位磁針が図のようになりました。次の問いに答えなさい。ただし，図の上側を北とします。（45点）

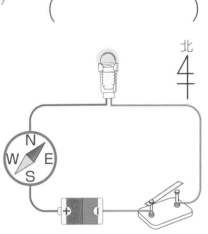

1　スイッチを切ると，方位磁針はどのようになりますか。次の**ア～エ**の中から１つ選び，記号を書きなさい。（15点）

ア 　イ 　ウ 　エ

（　　　　　）

2　かん電池の向きを逆にすると，導線のまわりの磁石の力の向きが反対になることが知られています。かん電池の向きを逆にして，導線の上に方位磁針を置き，スイッチを入れると方位磁針はどのようになりますか。１の**ア～エ**の中から１つ選び，記号を書きなさい。（15点）

（　　　　　）

3　１週間スイッチを入れ続けると，豆電球は消えていました。このとき，方位磁針はどのようになりますか。１の**ア～エ**の中から１つ選び，記号を書きなさい。

（15点）

（　　　　　）

35　もののとけ方 ①

1　次の1～7の文は，ビーカーに入った水よう液について説明したものです。正しいものには○，まちがっているものには×を書きなさい。(各5点)

1　水よう液は，色がついているものはない。

（　　　　）

2　水よう液は，とう明である。

（　　　　）

3　水よう液のこさは，上のほうや下のほうがこくなるときもあれば，全体が同じくらいになるときもある。

（　　　　）

4　水よう液には，とけているもののつぶが見えるものと，見えないものがある。

（　　　　）

5　水よう液の温度が変化すると，とけていたものが底にしずんでくることがある。

（　　　　）

6　水よう液を加熱して，水をすべて蒸発させると，とけていたものも必ずすべて蒸発する。

（　　　　）

7　水よう液にとけているものは，ろ過してもとり出すことはできない。

（　　　　）

2 次の表は，水100mLにとかすことができる食塩とホウ酸の重さを表にしたものです。これを参考にして，あとの問いに答えなさい。なお，水の体積を2倍，3倍…にすると，とかすことができる食塩やホウ酸の重さも2倍，3倍…になることが知られています。(65点)

温度（℃）	0	20	40	60	80
食塩（g）	35.6	35.8	36.3	37.1	38.0
ホウ酸（g）	2.8	4.9	8.9	14.9	23.6

1 ホウ酸の結晶はミョウバンの結晶とも食塩の結晶とも異なる形をしています。ホウ酸の結晶を次の**ア～ウ**の中から1つ選び，記号を書きなさい。(10点)

ア  **イ** 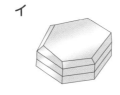 **ウ**

（　　　　　）

2 0℃の水100mLにとかすことができる食塩と，60℃の水100mLにとかすことができるホウ酸の量は，どちらのほうが多いですか。「食塩」・「ホウ酸」のどちらかを書きなさい。(10点)

（　　　　　）

3 20℃の水50mLにとかすことができる食塩と，80℃の水100mLにとかすことができるホウ酸の量は，どちらのほうが多いですか。「食塩」・「ホウ酸」のどちらかを書きなさい。(10点)

（　　　　　）

4 80℃の水100mLにとけ残りが出ないようにできるだけたくさんの食塩をとかした水よう液を0℃に冷やすと，何gの食塩が出てきますか。数字を書きなさい。(15点)

（　　　　　）g

5 60℃の水50mLに食塩をとけるだけとかした水よう液を，40℃に冷やしたときに出てくる食塩の量と，同じく60℃の水50mLにホウ酸をとけるだけとかした水よう液を40℃に冷やしたときに出てくるホウ酸の量は，どちらのほうが何g多いですか。解答らんにあてはまるように，言葉と数字を書きなさい。

(20点)

（　　　　　のほうが　　　　　g多い）

36　もののとけ方 ②

1　60℃の水100mLに，食塩をとけ残りが出ないようにできるだけたくさんとかして，食塩の水よう液をつくりました。この食塩の水よう液から食塩をとり出すために，水よう液の温度を0℃に下げると，食塩の結晶が1.5g出てきました。この実験について，次の問いに答えなさい。ただし，水1mLは1gであるものとします。（50点）

1　60℃の水100mLに，食塩をとけ残りが出ないようにできるだけたくさんとかしてできた食塩の水よう液は，とかす前の水100mLと比べて，重さにどのような変化がありましたか。次のア〜ウの中から1つ選び，記号を書きなさい。
（10点）

ア　重さはかわらなかった。
イ　100gよりも軽くなった。
ウ　100gよりも重くなった。

（　　　　　）

2　0℃の水100mLにとける食塩の量が35.6gであるとすると，はじめにとかした食塩の量は何gですか。数字を書きなさい。（10点）

（　　　　　）g

3　この実験からわかることとして正しいものを，次のア〜ウの中から1つ選び，記号を書きなさい。（10点）
ア　水よう液はこさに関係なく，温度を下げるととけ残りが出てくる。
イ　水の温度が高いほうが，食塩をたくさんとかすことができる。
ウ　ある体積の水に食塩をとかすと，もとの水よりも体積が大きくなる。

（　　　　　）

4　この食塩の水よう液から，もっとたくさんの食塩をとり出すためにはどのような方法がありますか。簡単に書きなさい。（20点）

（　　　　　　　　　　　　　　　　　　　　　　　　）

2 次の図のように，**A**・**B**・**C**の３つのビーカーを用意し，それぞれ水を50mL，100mL，150mL入れました。次に，食塩を**A**のビーカーに12g，**B**のビーカーに15g，**C**のビーカーに18g加えてよくかき混ぜると，どのビーカーに加えた食塩もすべてとけました。これについて，あとの問いに答えなさい。なお，この問題で「水よう液のこさが同じ」とは，同じ体積の水で比べたとき，同じ量のもの（この問題では食塩）がとけている状態をさします。(50点)

1 **A**〜**C**の水よう液をスポイトで同じ量だけ１てきずつそれぞれ別の入れ物にとり，しばらく置いて水を蒸発させたとき，入れ物に残った食塩が最も多いのはどの水よう液ですか。また，入れ物に残った食塩が最も少ないのはどの水よう液ですか。**A**〜**C**の中からそれぞれ１つずつ選び，記号を書きなさい。

(各10点)

最も多い（　　　　　）　　最も少ない（　　　　　）

2 **A**〜**C**の３つの水よう液を１つに混ぜ合わせると，もとの**A**〜**C**の水よう液のいずれかと同じこさになります。その水よう液を**A**〜**C**の中から１つ選び，記号を書きなさい。(10点)

（　　　　　）

3 **A**の水よう液と**B**の水よう液を同じこさにするには，どちらの水よう液に何gの食塩をとかせばよいですか。解答らんにあてはまるように，記号と数字を書きなさい。(10点)

（　　　　の水よう液に　　　　gとかす）

4 **A**の水よう液と**C**の水よう液を同じこさにするには，どちらの水よう液から何mLの水を蒸発させればよいですか。解答らんにあてはまるように，記号と数字を書きなさい。(10点)

（　　　　の水よう液から　　　　mL蒸発させる）

1 ビーカーに入れたある量の水に，食塩を入れてよくかき混ぜたところ，ビーカーの底に少しの食塩がとけ残りました。そこで，右の写真のようにして，底にとけ残った少しの食塩をとりのぞきました。これについて，次の問いに答えなさい。(50点)

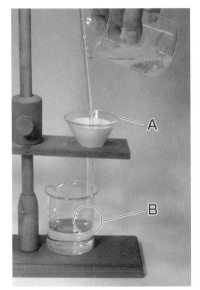

1 右の写真のように，とけ残りをとりのぞくことを何といいますか。名前を書きなさい。(10点)

（　　　　　　　　　　　）

2 右の写真のAが示すとう明な器具を何といいますか。名前をひらがな3字で書きなさい。

(10点)

3 右の写真のBの部分は2の器具とビーカーについて，注意すべきポイントを示しています。どのようなことに注意しなければなりませんか。簡単に書きなさい。(15点)

（　　　　　　　　　　　　　　　　　　　　　　　　　　　　　　　）

4 底にとけ残った食塩をとりのぞいたあとの水よう液のこさは，とりのぞく前の水よう液と比べてどのようになりますか。次のア～ウの中から1つ選び，記号を書きなさい。(15点)

ア とりのぞく前のほうが，とりのぞいたあとよりもこい。

イ とりのぞいたあとのほうが，とりのぞく前よりもこい。

ウ どちらもこさは同じである。

（　　　　）

2 いろいろな温度の水 100mL にとかすことができるホウ酸の量を調べると，次の表のようになりました。この表をもとに，あとの問いに答えなさい。ただし，水 1mL は 1g であるものとします。また，水の体積を 2 倍，3 倍…にすると，とかすことができるホウ酸の重さも 2 倍，3 倍…になることが知られています。(50点)

温度（℃）	0	20	40	60
ホウ酸（g）	2.8	4.9	8.9	14.9

1　ビーカーに入った 60℃の水 300 mL にホウ酸をとけるだけとかしたあと，その水よう液の温度を 20℃にしました。すると，ビーカーの底に，ホウ酸のとけ残りが出てきました。何 g のホウ酸がとけきれなくなって出てきますか。数字を書きなさい。(10点)

（　　　　　）g

2　ビーカーに入った 60℃の水 200 mL に，ホウ酸を 17g 加えてよくかき混ぜるとすべてとけました。この水よう液を冷やしてある温度まで下げると，ビーカーの底に，ホウ酸がとけきれなくなって出てきました。ある温度とは何℃ですか。次の**ア〜ウ**の中からすべて選び，記号を書きなさい。(10点)

ア 0℃　**イ** 20℃　**ウ** 40℃

（　　　　　）

3　ビーカーに入った 20℃の水 200 mL にホウ酸をとけるだけとかしたあと，水よう液の温度を 20℃に保ったまま水を 150 mL 蒸発させました。すると，ビーカーの底にとけきれなくなって出てきました。何 g のホウ酸がとけきれなくなって出てきますか。数字を書きなさい。(15点)

（　　　　　）g

4　3 のとけ残りをすべてとりのぞいたあと，水よう液に水を加えて 200g にしました。加えた水は何 mL ですか。数字を書きなさい。(15点)

（　　　　　）g

38 もののとけ方 ④

1 　下の図の———は，水の温度と，100gの水にとけるあるものの量の関係を表したグラフです。横のじくはビーカーに入った水100gの温度を表し，たてのじくはそのビーカーに入れてよくかき混ぜたあるものの量を表しています。たとえばAは，☆℃の水100gに，あるものWgを入れてよくかき混ぜた状態を表します。これについて，あとの問いに答えなさい。(60点)

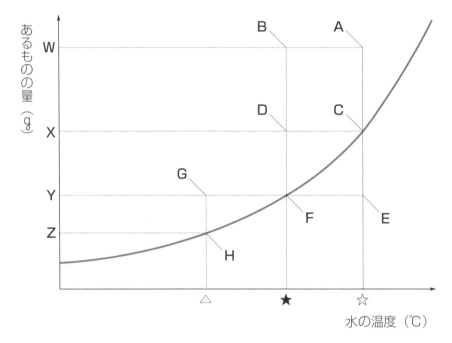

1　ビーカーの底にとけ残りがあるものを，A～Hの中からすべて選び，記号を書きなさい。(10点)

（　　　　　　　　）

2　あるものを加えてよくかき混ぜれば，さらにとかすことができるものを，A～Hの中からすべて選び，記号を書きなさい。(10点)

（　　　　　　　　）

3　水よう液のこさがFと同じものを，F以外のA～Hの中からすべて選び，記号を書きなさい。(10点)

（　　　　　　　　）

4 Eを冷やして△℃にしたときのものを，F〜Hの中から１つ選び，記号を書きなさい。(10点)

(　　　)

5 Cを冷やして★℃にしたときの，ビーカーの底にあるとけ残りの量を表した式として正しいものを，次のア〜エの中から１つ選び，記号を書きなさい。(10点)
ア W−Y　イ Y−Z　ウ X−Y　エ W−X

(　　　)

6 W〜Zの中から必要な記号を使って，Hを加熱して☆℃にしたときに，さらにとかすことができる量を表した式を書きなさい。(10点)

(　　　　　　　)

2 文A，Bについて，あとの問いに答えなさい。ただし，水の蒸発はなかったものとします。(40点)

A ビーカーに80℃の水100gを入れ，そこに食塩をとけるだけとかすと，38.0gまでとけました。

B 次の日，水よう液は20℃になっていました。よく観察するとわずかに結晶ができており，これをろ過してとりのぞき結晶の重さをはかると2.1gでした。結晶をとりのぞいた残った水よう液（ろ液）を，60℃にして食塩をとかすと，1.2gだけとけました。

1 大きな結晶をつくるには，どのような冷やし方をするのがよいですか。次のア〜ウの中から１つ選び，記号を書きなさい。(10点)
ア そのまま置いてゆっくり冷やす。
イ 冷蔵庫ですばやく冷やす。
ウ 冷凍庫ですばやく冷やす。

(　　　)

2 残った水よう液（ろ液）の重さは何gですか。数字を書きなさい。(10点)

(　　　) g

3 文Bの状態の60℃の水100gに，食塩は何gまでとけますか。数字を書きなさい。(10点)

(　　　) g

4 3から再び80℃にすると，3からさらに食塩は何gまでとけますか。数字を書きなさい。(10点)

(　　　) g

知っていたら かっこいい！ ❸

ふりこの運動 ／ 電流のはたらき ／ もののとけ方

👑 フーコーのふりこ

固定された点を中心にしん動（ふるえること）を行うものを，ふりこといいます。理科の実験で使われるふりこは，糸とおもりをつなげたつくりのものが多いのですが，世の中にはいろいろなふりこがあります。

ふりこは，その長さが長いほど１往復するのにかかる時間は長くなりますが，

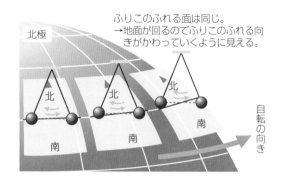

ふりこのふれる面は同じ。
→地面が回るのでふりこのふれる向きがかわっていくように見える。

おもりを重くしても１往復するのにかかる時間はかわりません。ふりこ時計のふりこは，ふりこの長さが気温によって多少の変化はありますが，ほぼ一定であるため，１往復するのにかかる時間はかわりません。このふりこの原理を利用してふりこ時計は「時」をきざんでいます。

ふりこを左右に長時間ふっていると，少しずつしん動面が回転し，前後にふれるようになります。このようになるのは，ふりこのふれる向きはかわらないですが，地球が自転（地球自身が回っていること）しているため，地球上から見るとふりこのしん動面が回っているように見えるためです。この実験を初めて行ったフーコーは，長さ67m，おもさ27kgのとても大きなふりこを用い，しん動面が回転することにより，地球の自転を証明しました。ふりこのしん動面の回転以外にも，地球が自転していることにえいきょうを受けるものとして，台風の風向きや海流などがあります。

👑 リニアモーターカー

電気の流れ（電流）と磁石のはたらき（磁力）は，密接に関係しており，導線に電流を流すと，そのまわりには磁石の力が発生します。

ところでみなさんは，リニアモーターカーという乗り物を聞いたことはありますか。リニアモーターカーは電流による磁力を利用して，電車のように線路の上を走りますが，電車とちがいリニアモーターカーの線路には磁石がしかれています。次の図は，リニアモーターカーが動く仕組みを簡単に説明したものです。

リニアモーターカーの動く仕組み

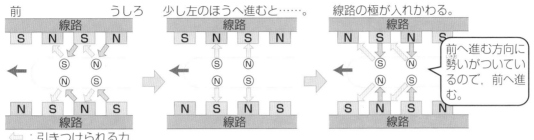

⇐：引きつけられる力
⇐：反発する力

　リニアモーターカーのスピードは新幹線よりも速く，東京と名古屋の間を約40分間，東京と大阪の間を約1時間で移動することが可能になるといわれています。

👑 水にとけるものの量

　水にとけるものの量は，水の量や水の温度，とかすものによって大きく変化します。水の量がふえると，とかすものや水の温度に関係なくとける量はふえます。水の量が同じとき，水の温度が上がると，とける量はふえるものが多いです。例えば，理科の実験でよく用いられるホウ酸やミョウバン，砂糖などです。

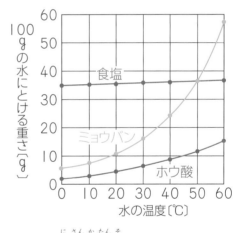

　しかし，水の温度が上がると，とける量が減るものもあります。例えば，石灰水にとけている水酸化カルシウムは水の温度が上がると，とける量は減ります。ほかにも炭酸水にとけている二酸化炭素などの気体がとけている水よう液は，水の温度が上がると，とける量が減ります。このように，水にとける量は必ずしも，水の温度が高ければ高いほどふえるわけではありません。

Ｚ会グレードアップ問題集

小学5年　理科　改訂版

初版　　第1刷発行　　2017年7月10日
改訂版　第1刷発行　　2020年2月10日
改訂版　第6刷発行　　2023年12月10日

編者　　　Ｚ会編集部
発行人　　藤井孝昭
発行所　　Ｚ会
　　　　　〒411-0033　静岡県三島市文教町1-9-11
　　　　　【販売部門：書籍の乱丁・落丁・返品・交換・注文】
　　　　　TEL　055-976-9095
　　　　　【書籍の内容に関するお問い合わせ】
　　　　　https://www.zkai.co.jp/books/contact/
　　　　　【ホームページ】
　　　　　https://www.zkai.co.jp/books/
装丁　　　Concent, Inc.
表紙撮影　花渕浩二
写真提供　チエルコミュニケーションブリッジ株式会社
　　　　　フォト・オリジナル
印刷所　　シナノ書籍印刷株式会社

ISBN　978-4-86290-310-5

かっこいい小学生になろう

Z会
グレードアップ
問題集 改訂版

小学**5**年

理科

解答・解説

解答・解説の使い方

ポイント①

答え では，正解を示しています。

ポイント②

考え方 では，それぞれの問題のポイントを示しています。

グレードアップ問題集では，教科書よりもむずかしい問題に挑戦するよ。
解くことができたら，自信をもっていいよ！

---

1 植物の発芽 ①

答え

1 ① ① ② ア
2 ① イネ：② 　アサガオ：①
　② ウ 　③ ア
3 発芽する前の種子と芽や根がのびたころの子葉にヨウ素液をつける。その結果，発芽する前の種子は青むらさき色にそまり，芽や根がのびたころの子葉はそまらない。
4 ① イ 　② ア

考え方

1 ①，② 問題文に「ダイズの種子は，インゲンマメの種子と似たつくりをしています。」とあるので，子葉に養分をたくわえていると考えることができます。ダイズの子葉は発芽のとき，最初に地上に出てきます。
2 ① アサガオ，イネは子葉の形から見分けます。なお，ダイズは③，カキは④で，ダイズは出てきた子葉にふくらみがあります。カキは胚乳とよばれる部分に養分があるので，子葉はふくらんでいません。
②アサガオの場合，最初の子葉の形とその後に生える葉の形は異なります。このように，多くの植物は，成長するにしたがって，子葉とは異なる形の葉を何枚もつけるようになります。
③ヒマワリ，ヘチマは，発芽のときに子葉が2枚出ます。イネは，発芽のときに子葉が1枚出ます。したがって残ったマツが答えです。マツは発芽のときに子葉が3枚以上出ます。
3 ヨウ素液は，でんぷんがあると青むらさき色にかわる性質があります。このこ とを利用して以下の実験を行います。発芽前の種子と芽や根がのびたころの子葉にヨウ素液をつけます。その結果，発芽前の種子は青むらさき色にそまりますが，芽や根がのびたころの子葉はそまりません。このことから，種子にふくまれていたでんぷんが成長に使われていることがわかります。
4 ①有胚乳種子は発芽のための養分を胚乳にたくわえ，無胚乳種子は発芽のための養分を子葉にたくわえます。問題文に「胚乳がない種子を無胚乳種子といい，子葉に養分をたくわえることが多いです。」とあることから，子葉をもつインゲンマメと，インゲンマメの種子と似たつくりのダイズは無胚乳種子だと考えられます。したがって，トウモロコシが有胚乳種子です。
②家でゴマ油を見たことがある人も多いのではないでしょうか。ゴマ油はゴマの種子からとった油です。ゴマの種子には「しぼう」が多くふくまれています。同じように油が多くとれる種子として，アブラナ，ヒマワリ，オリーブなどがあり，これらの種子には養分として「しぼう」が多くふくまれています。

---

1 自分の解答と 答え をつき合わせて，答え合わせをしましょう。

2 答え合わせが終わったら，問題の配点にしたがって点数をつけ，得点らんに記入しましょう。

3 まちがえた問題は， 考え方 を読んで復習しましょう。

保護者の方へ

この冊子では，**問題の答え**と，**各回の学習ポイント**などを掲載しています。お子さま自身で答え合わせができる構成になっておりますが，お子さまがとまどっているときは，取り組みをサポートしてあげてください。

答え

1 ① ① ② ア

2 ① イネ：②

アサガオ：①

② ウ ③ ア

3 発芽する前の種子と芽や根がのびたころの子葉にヨウ素液をつける。その結果，発芽する前の種子は青むらさき色にそまり，芽や根がのびたころの子葉はそまらない。

4 ① イ ② ア

考え方

1 ①，②問題文に「ダイズの種子は，インゲンマメの種子と似たつくりをしています。」とあるので，子葉に養分をたくわえていると考えることができます。ダイズの子葉は発芽のとき，最初に地上に出てきます。

2 ①アサガオ，イネは子葉の形から見分けます。なお，ダイズは③，カキは④で，ダイズは出てきた子葉にふくらみがあります。カキは胚乳とよばれる部分に養分があるので，子葉はふくらんでいません。

②アサガオの場合，最初の子葉の形とその後に生える葉の形は異なります。このように，多くの植物は，成長するにしたがって，子葉とは異なる形の葉を何枚もつけるようになります。

③ヒマワリ，ヘチマは，発芽のときに子葉が２枚出ます。イネは，発芽のときに子葉が１枚出ます。したがって残ったマツが答えです。マツは発芽のときに子葉が３枚以上出ます。

3 ヨウ素液は，でんぷんがあると青むらさき色にかわる性質があります。このこ

とを利用して以下の実験を行います。発芽前の種子と芽や根がのびたころの子葉にヨウ素液をつけます。その結果，発芽前の種子は青むらさき色にそまりますが，芽や根がのびたころの子葉はそまりません。このことから，種子にふくまれていたでんぷんが成長に使われていることがわかります。

4 ①有胚乳種子は発芽のための養分を胚乳にたくわえ，無胚乳種子は発芽のための養分を子葉にたくわえます。問題文に「胚乳がない種子を無胚乳種子といい，子葉に養分をたくわえることが多いです。」とあることから，子葉をもつインゲンマメと，インゲンマメの種子と似たつくりのダイズは無胚乳種子だと考えられます。したがって，トウモロコシが有胚乳種子です。

②家でゴマ油を見たことがある人も多いのではないでしょうか。ゴマ油はゴマの種子からとった油です。ゴマの種子には「しぼう」が多くふくまれています。同じように油が多くとれる種子として，アブラナ，ヒマワリ，オリーブなどがあり，これらの種子には養分として「しぼう」が多くふくまれています。

答え

1 ❶

	空気の温度	光	水	空気	結果
①	25℃	○	×	○	×
②	25℃	○	○	○	○
③	25℃	○	○	×	×
④	5℃	○	○	○	×
⑤	25℃	×	○	○	○

❷ ①と② ❸ ②と⑤

❹ イ

2 イ

考え方

1 ❶この問題のように，たくさんの実験を行ってその結果について考える問題では，それぞれの実験がどのような条件で行われ，どのような結果になったのかを整理する必要があります。このとき，表にすると問題を理解しやすくなります。

❷ある条件がインゲンマメの発芽に必要であるかどうかを明らかにするには，調べたい条件だけがない（またはある）実験と調べたい条件以外はすべて同じ実験を比べることで，わかります。インゲンマメの発芽に水が必要であるかどうかを明らかにしたいので，水があるか，ないかの条件以外はすべて同じである実験①，②を比べます。その結果，実験①のみ発芽していないので水は発芽に必要であるとわかります。

❸ ❷と同様に，インゲンマメの発芽の条件として明るさが必要であるかどうかを明らかにするためには，明るさがあるか，ないかの条件以外はすべて同じである実験②，⑤を比べます。その結果，

実験②，⑤ともに発芽しているので明るさは発芽に必要でないとわかります。

❹実験②，④は，5℃で肥料をあたえて育てる実験はしていないため，どのような結果になるかはわかりません。実験②，④は温度のちがいで発芽するかどうかにちがいがでているので，5℃は発芽に適さず，25℃は適しているとわかります。

2 ヨウ素液が青むらさき色に変化したことから，インゲンマメの子葉にはでんぷんが多く入っていることがわかります。また，インゲンマメの子葉にふくまれるでんぷんは成長に利用されます。このため，インゲンマメが成長するにつれて，子葉にふくまれるでんぷんは使われて，減っていきます。このことをふまえると，発芽後すぐの子葉，発芽後5日目の子葉，発芽後10日目の子葉の順にでんぷんが減っていくことがわかります。

答え

1 ① イ　② 熱

2 ア

3 ① 1.6g

　　② ふえた重さ　0.8g

　　　養分の重さ　1.6g

考え方

1 ①問題文にある石灰水の性質から考え
ます。石灰水が白くにごったことから二
酸化炭素が発生したことがわかります。
この二酸化炭素は，ダイズの呼吸により
発生したものです。

　②ダイズの呼吸により発生した熱でガ
ラス容器内の温度が高くなっています。

2 色水は，三角フラスコの中にある気体
の体積がふえると，外へおし出されるの
で，右側へ動きます。反対に体積が減る
と左側へ動きます。今回は，左側に動い
たことから体積が減ったことがわかりま
す。問題文に「ダイズの種子は，呼吸に
よって酸素をすいこみ，二酸化炭素を出
します。」とありますが，今回は色水が
左側に動いたことから，酸素がすいこま
れたことが原因だと考えられます。なお，
二酸化炭素は，問題文に「石灰水は二酸
化炭素がふえてとけると，白くにごる性
質があることが知られています。」とあ
ることから，呼吸によって出された二酸
化炭素は，石灰水にとけたと考えられま
す。

　なお，この実験はダイズの呼吸による
酸素の減り方を色水の動きで調べるもの
ですが，呼吸により発生する熱で三角フ
ラスコ内の気体の温度が上がってぼう
張すると，実験の結果がわかりにくく

なります。そのため，水に入れることで
三角フラスコ内の気体の温度が高くなる
のを防いでいます。

3 ①まいた日の種子の重さは，

　　$4.2 + 0.2 = 4.4$（g）

です。18日目の種子の重さは，

　　$1.8 + 1.0 = 2.8$（g）

なので，18日目までに，種子20つぶ
あたりで減った重さは，

　　$4.4 - 2.8 = 1.6$（g）

となります。

　②18日目までに，種子20つぶあ
たりでBの重さは，

　　$1.0 - 0.2 = 0.8$（g）

ふえています。

18日目までにAが減った分は，

　　$4.2 - 1.8 = 2.4$（g）

であり，このうちBを成長させるために
0.8gを使っているので，それ以外の呼
吸などに使われた養分の重さは，

　　$2.4 - 0.8 = 1.6$（g）

となります。

答え

1 ①ウ　②AとB
　③AとC

2 ①イ
　②種子の数が多いと日当たりが悪く
　なるから。（種子の数が多いと土の
　中の養分や水をうばい合うから。）
　③ウ

考え方

1 ①植物の成長に肥料が必要かどうかを
調べたり，植物の成長に水が必要かどう
かを調べたりしているので，土は水も肥
料もふくまないものを使います。

②・③まず，問題の実験条件を表に
まとめると次のようになります。

実験	温度	光	肥料	水
A	25℃	明	あり	あり
B	25℃	明	なし	あり
C	25℃	暗	あり	あり
D	5℃	明	あり	あり
E	25℃	明	なし	なし

次に，ある条件が植物の成長に必要で
あるかどうかを調べるためには，その条
件だけがない（またはある）実験と調べ
たい条件以外はすべて同じ実験を比べま
す。

植物の成長に肥料が必要かどうかを調
べるには，肥料があるか，ないかという
条件以外はすべて同じである実験AとB
を比べます。また，光が必要かどうかを
調べるには，光があるか，ないかという
条件以外はすべて同じである実験AとC
を比べます。

2 ①Aグループのグラフから，種子
を20個まいたときの1株当たりのか
んそう重量は約40gですが，種子を
30，40，50個とふやしていくと，1
株当たりのかんそう重量は約26，20，
16gと減っていきます。よって，まく
種子の数が少ないほうが1株当たりで
はよく成長するとわかります。

②まく種子の数が多いと，成長が進む
につれてとなり合うなえどうしの葉が重
なり合うなどして日当たりが悪くなりま
す。また，土の中の養分や水をうばい合
うこともあります。

③まいた種子が20個のときはBグ
ループの1株当たりのかんそう重量は
約13g，Cグループでは約5g，まいた
種子が30個のときはBグループの1
株当たりのかんそう重量は約12g，C
グループでは約5g，まいた種子が40
個のときはBグループの1株当たりの
かんそう重量は約11g，Cグループで
は約4g，まいた種子が50個のときは
Bグループの1株当たりのかんそう重
量は約10g，Cグループでは約4g，と
いうようにまく種子の数に関係なくBグ
ループのほうが1株当たりではよく成
長するとわかります。

答え

1 ①ア，エ

　②とてもたくさん生えることで，根の土にふれる面積が広がり，より効率よく水や水にとけた養分（肥料）をとり入れることができる点。

　③ウ

2 ①イ

　②ウ

考え方

1 ①根には水や水にとけた肥料をすい上げるはたらきや，植物のからだを支えるはたらき，さらに，サツマイモやダイコンについては養分をたくわえるはたらきもあります。

　②問題の図の①（根毛）はとてもたくさん生えていますが，これで根の土にふれる面積が広がり，水や水にとけた養分（肥料）を効率よくすい上げることができます。

　③問題文にあるように，根が太くなる原因の1つには「土と根がこすれるときに生じる力」があります。水さいばいでアサガオを育てた場合，土と根がこすれるときに比べ，水と根がこすれて生じる力はほとんどないと考えられます。このことから，水さいばいのアサガオの根は土の中で育てる場合よりも細くなると考えられます。

2 ①・②根は光がくる方向と反対方向にのびる性質（背日性といいます）があります。よって，実験1では日光が左側から入るので，根は右側になびくようにのびます（図1）。

図1

日光　暗箱

地面

　また，根は水平な地面のある方向（地球の重力のはたらく方向）にのびる性質（向地性といいます）があります。よって，実験2では植物は横向きにたおれていますが，水平な地面が下側にあるので，根は下側になびくようにのびます（図2）。

図2

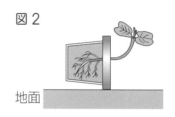

地面

　根には，これ以外にも，水がある方向にのびる（屈湿性といいます）性質もあります。このように，植物は自分が生き続けるための仕組みをいろいろとかねそなえています。

る問題です。カボチャはお花におしべが，
め花にめしべだけがあるので単性花です。
１つの花にはおしべとめしべはどちらか
一方しかないので，不完全花です。

6 植物の花 ①

答え

1 **1** ① ア　② エ　③ イ
　　④ ウ　⑤ オ
2 ア → エ → ウ → オ → イ
3 イ
2 **1** ① オ　② エ　③ ア
　　④ イ　⑤ ウ
2 ア
3 イ，エ

考え方

1 **1** 花の真ん中にめしべが１本あり，
その下のふくらんでいる所に，実ができ
る部分があります。この実ができる部分
を子ぼうといいます。
　2 花びらがねじられているような形が
花のつぼみで，花びらのふちが内側へま
きこまれているような形が花のしぼんで
いくときのようすです。花がさいたあと
は，実の中に種子ができます。
　3 問題文に書かれている文章から考え
る問題です。アサガオは１つの花の中
に花びら，がく，おしべ，めしべがすべ
てそろっているので，完全花です。また，
花びらがたがいにくっついているので合
弁花です。

2 **1** 図１のめ花も，図２のお花も花び
らはあります。また，がくもあります。
お花の真ん中におしべがあり花粉をつく
ります。また，め花の真ん中にめしべが
１本あり，その下のふくらんでいる所に
実ができる部分があります。アサガオと
同様に，この部分を子ぼうといいます。
　2 カボチャはめ花の子ぼうがふくらん
で実になり，その中で種子ができます。
　3 問題文に書かれている文章から考え

答え

1 ① おしべ **ウ**　　めしべ **エ**
　　　花びら **イ**　　がく **ア**
　　② **エ**
2 ① **ウ**　② **ア**
3 ① A：**ウ**　　B：**ア**
　　② **ア**，**ウ**
　　③ **ア**
　　④ こん虫の体につきやすいように花
　　　粉の表面がねばねばしていたりとげ
　　　があったりする。

考え方

1 ②アサガオ，リンゴ，サクラ，アブラ
ナは完全花ですが，ヘチマはお花，め花
の2種類の花ができ，1つの花におし
べかめしべしかないので不完全花です。
お花にはおしべが，め花にはめしべがあ
ります。ヘチマの花のつくりがわかれば，
ほかの花のつくりがわからなくても解く
ことができる問題です。

2 ①ヘチマは単性花で，タンポポ，チュー
リップ，ユリは両性花です。ヘチマはお
花とめ花に分かれていることから，答え
ることができます。

②アサガオは合弁花で，エンドウ，キャ
ベツ，ソメイヨシノ，ウメは離弁花です。
アサガオの花のつくりがわかっていれば，
合弁花だと特定できます。

3 ①Aのように花粉をおもにこん虫に運
んでもらい受粉する花を虫媒花といいま
す。Bのように花粉をおもに風に運んで
もらい受粉する花を風媒花といいます。
また，水媒花は花粉を水に運んでもらい
受粉する花で水生植物に多いです。さら
に，鳥媒花は花粉を鳥に運んでもらい受
粉する花でこん虫の少ない冬にさく花に

多いです。

②・④虫媒花はこん虫を引きつけるた
めにみつを出し，見つけてもらいやすい
ように美しい花びらをつけます。また，
花粉は風媒花に比べて少量ですが，こん
虫の体につきやすいように，花粉の表面
がねばねばしていたり，とげが生えてい
たりします。一方，風媒花はこん虫を引
きつける必要がないため，みつを出さず，
美しい花びらもありません。また，花粉
は虫媒花のようにこん虫が花から花へ運
ぶのではなく，風で不規則に飛ばされる
ので，虫媒花に比べて，花粉は大量につ
くられます。また，風で飛ばされやすい
ように，小さくて軽くさらさらしていま
す。

③アサガオは虫媒花で，花粉の表面に
はたくさんのとげがあります。これらの
とげがあることで虫の体にくっつきやす
くなります。一方で，アサガオ以外のス
ギ（**イ**），マツ（**ウ**），トウモロコシ（**エ**）
は風媒花で，虫媒花の花粉のようなとげ
は，あまりみられません。

答え

1 ① B ② ウ ③ B，C
2 ① こん虫などが花粉を運んでくるこ
とを防ぐため。
② B
③ ウ

考え方

1 ①・②め花**A**はこん虫ではなく人の手
によって受粉し（人工的に受粉し）ます。
め花**C**は，ふくろがかぶさっていないの
で，こん虫により受粉し，実ができます。
め花**B**はふくろをかぶせたままで，こん
虫により受粉することはありません。ま
た，人の手によって受粉もしていないの
で，実ができずかれてしまいます。
③カボチャの花はこん虫に花粉を運ん
でもらって受粉することから，め花**C**は
受粉ができないため，実はできません。
2 ①花のつぼみにふくろをかぶせるのは，
外部からこん虫などが花粉を運びこむの
を防ぐためです。
②実験の結果では，１つのアサガオだ
けは実ができていません。アサガオ**B**は
おしべをとりのぞき，ふくろをかぶせた
ままにしているので，こん虫などが花粉
を運んでくることもなく，受粉できませ
ん。
③問題文にある，カボチャ，キュウリ，
ヘチマは，お花とめ花に分かれているた
め，（め花の）つぼみが開くときに，つ
ぼみの中のおしべがのびてめしべの先に
ふれて受粉するような受粉のしかたはし
ません。キュウリについて知らなくても，
ヘチマのなかまとあることから，お花と
め花に分かれていると考えることができ

ます。エンドウは自家受粉を行います。
エンドウについて知らなくても，ほかの
花がちがうことから答えを出すこともで
きます。自家受粉を行う花には，エンド
ウ以外に，アサガオ，イネなどがあります。

9

答え

1 ① おす

② ① C　② D

③ 平行四辺形

③ A，B　④ イ

2 ① イ　② イ　③ ウ

④ ア

⑤ 卵

考え方

1 ①・②メダカのおす・めすは，背びれとしりびれのようすで区別することができます。背びれに切れこみがあり，しりびれが平行四辺形に近い形をしているのがおすです。また，背びれに切れこみがなく，しりびれが三角形に近い形をしているのがめすです。なお，問題の図にえがかれているメダカはヒメダカとよばれ，野生のメダカを改良したものです。野生のメダカはクロメダカとよばれ，からだがヒメダカよりも黒っぽい色をしています。

③胸びれと腹びれは，体の左側と右側にそれぞれ1枚ずつあります。背びれ，しりびれ，尾びれはそれぞれ1枚ずつしかありません。したがって，メダカには5種類，7枚のひれがあります。

④メダカの腹の部分には内臓が集まっています。めすの体内で作られた卵は，腹びれとしりびれの間にあるあなから産み出されます。

2 ①メダカを飼うための水そうは，日光が直接当たらない，明るい所に置きます。直接日光が当たってしまうと，日光によって水の温度が上がってしまい，メダカにとってよくありません。また，水そ

うを暗い場所に置くと，水そうに入れた水草が酸素をつくることができません。

②水そうに入れる水は，水道水をくんでから1〜2日ぐらいたったものを使います。水道水には消毒の薬が入っていますが，くんでからしばらく置くことで，その薬をぬきます。また，メダカは真水（淡水）で生活する生き物なので，海水を水そうに入れてはいけません。

③メダカには，ミジンコやイトミミズといった，小さな動物をえさとしてあたえます。キャベツやダイコンの葉は食べません。なお，ヤゴやタガメを入れると，メダカが逆に食べられてしまいます。

④メダカにあたえるえさの量については，食べ残しが出ないくらいの量を，毎日あたえます。食べ残しがあると水がすぐによごれてしまうので，注意します。また，えさは毎日あたえます。1週間に1回程度では，少なすぎます。

⑤水そうに水草を入れる大きな理由の1つは，メダカが卵を産みつけるのに必要だからです。メダカは水草に卵を産みつけますが，産みつけられた卵はすぐに親メダカからはなすようにします。そうしないと，親メダカが卵や，卵からかえったばかりの子メダカを食べてしまいます。

10 魚の育ち方 ②

答え

1 ① イ　② ウ, エ
　③ 受精
　④ 成長が始まらない。

2 ① ア　② X:ア　Y:ウ
　③ 血液（けつえき）　④ ア
　⑤ 腹のふくらみの中にある養分を使って生活するから。

考え方

1 ① メダカが卵を産む直前には、おすがめすを追いかけるような行動が見られます。背びれに切れこみがあり、しりびれが平行四辺形に近い形をしているのがおすで、背びれに切れこみがなく、しりびれが三角形に近い形をしているのがめすなので、図のひれの形からもおす・めすを判断（はんだん）することができます。

② 下のグラフにおいて、縦軸（たてじく）の13時間（☆印の部分）を通るように線を引きます。

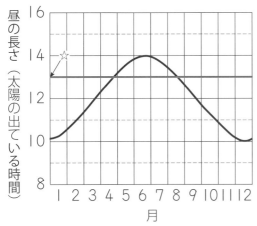

この線よりも上に出ているグラフの部分（たいおう）に対応する月において、昼の長さが13時間よりも長くなっていることがわかります。よって、4月下旬（げじゅん）から8月の中旬（ちゅうじゅん）において昼の時間が13時間よ

りも長くなります。このことをふまえると、メダカが卵を産む時期としてまちがっているものは**ウ**と**エ**になります。

③ 精子と卵が結びつくことを受精といい、受精した卵のことを受精卵（じゅせいらん）といいます。

④ 卵が成長するためには、おすの精子と卵が結びつくことが必要です。

2 ① メダカの卵の大きさ（直径）は約1mmです。これはモンシロチョウの卵の大きさ（長さ）とほぼ同じです。

② メダカの受精卵を25℃の水温に保った場合、3日目くらいで目ができてきます。また、7日目くらいから心臓が動くようすが見られ、10〜12日目くらいで卵から子メダカが出てきます。

③ 7日目のメダカの卵を観察すると、血液が心臓から送り出され、全身をめぐっているようすが観察されます。

④ メダカの受精卵を20℃の水温に保つと、25℃の水温に保った場合と比べて卵の成長が少しおくれます。したがって、メダカが卵から出てくるのにかかる日数は、水温が25℃の場合と比べて長くなります。

⑤ 卵からかえったばかりのメダカは、下の図のように腹がふくらんでいます。このふくらみの中に養分があるため、2〜3日の間はえさを食べなくても生活することができるわけです。

かえった直後のメダカ　体長：約4〜5mm

4日もすると、すっかり腹のふくらみはなくなってしまうので、えさをとって食べるようになります。

11

答え

1 **①** ① カ　　② ウ　　③ オ
　　④ キ　　⑤ ア
② エ　　**③** イ
④ プレパラート　　**⑤** ア
⑥ 5通り　　**⑦** 6mm

2 **①** ア
② 日光が直接当たらない, 明るい場
所。
③ イ

考え方

1 **①**①目を近づけて観察するレンズで,
接眼レンズといいます。
②③のレンズをまわして倍率の異なるレ
ンズにするためのもので, レボルバーと
いいます。
③観察するもの (調べたいもの) に向けら
れるレンズで, 対物レンズといいます。
④ピントを調節するためのねじで, 調節ね
じといいます。
⑤視野 (目で見えるはん囲) を明るくする
ために使う鏡で, 反しゃ鏡といいます。
②けんび鏡で観察すると, 見ようとしてい
るものが上下左右逆の向きで見えます。
かいぼうけんび鏡で観察すると, 見よう
としているものが上下左右そのままの向
きで見えます。
③問題の写真のけんび鏡では, 調節ねじを
回すとステージ (のせ台) が上下に動き
ます。つつが上下に動くけんび鏡もあり
ます。
④プレパラートは, スライドガラスとよば
れるガラスの板の上に調べたいものをの
せ, 上からカバーガラスとよばれるとて
もうすいガラスをかぶせてつくります。

⑤ピントを調節するには, まず, 対物
レンズとステージにあるプレパラートを
できるだけ近づけ, 接眼レンズをのぞき
ながら対物レンズとステージを遠ざける
ように調節ねじを回します。対物レンズ
をステージに近づけながらピント調節を
行うと, 対物レンズがプレパラートに当
たり, プレパラートがこわれる可能性が
あります。

⑥けんび鏡の倍率は, 接眼レンズの倍
率と対物レンズの倍率をかけあわせたも
のです。したがって, たろうさんが使う
けんび鏡では, 10 × 10 ＝ 100 (倍),
10 × 15 (または15 × 10) ＝ 150
(倍), 10 × 20 ＝ 200 (倍), 15 ×
15 ＝ 225(倍), 15 × 20 ＝ 300(倍)
の5通りの倍率で観察することができ
ます。

⑦ルールから, 倍率は「長さが何倍に
なるか」を表しているとわかります。最
高倍率は300倍なので,
　0.02 × 300 ＝ 6 (mm)
が正解です。

2 **①**問題の図にもあるように, かいぼう
けんび鏡に使われるレンズは1つだけ
です。

②かいぼうけんび鏡もけんび鏡と同じ
く, 反しゃ鏡を使って, 調べたいものに
光を当てます。ただし, 直接日光が当た
ると目をいためるので, 日光が直接当た
らない, 明るい場所に置くのがよいで
しょう。

③かいぼうけんび鏡に使われるレンズ
は1つだけなので, あまり倍率を上げ
ることができません。したがって, より
小さなものを観察するのに向いているの
は, けんび鏡です。

12 魚の育ち方 ④

答え

1
1 ウ
2 150
3 イ

2
1 イ
2 イ
3 横じまもようの紙を回しても，もようが変化したように見えないから。

考え方

1 ①標識再捕法では，「ある場所にすむ生き物の中の，はじめに印をつけた生き物の割合」と「再びつかまえた生き物の中の，印がある生き物の割合」が等しいと考えるので，調査する地域内で生き物の数がかわらない必要があります。また，印をつけることで生き物が弱るなどすると，印のあるものばかりをつかまえてしまい，正確に調べられません。

②A ＝ 50，B ＝ 42，C ＝ 14 より，
50 × 42 ÷ 14 ＝ 150（匹）
となります。

③池にいるメダカは 150 匹で，その中の 75 匹に印をつけたので，池にいるメダカの数の半分のメダカに印をつけたことになります。再びつかまえたメダカの数が 50 匹なので，この数の半分のメダカに印がついていると考えられます。

2 ①ヒメダカは，今いる場所にとどまっていようとする性質があります。したがって，水そうの水を問題の図2のように，上から見て時計回りに静かにかき回すと，ヒメダカたちは水に流されないように，上から見て反時計回りに泳ぐようになります。

②問題の図3のように，水そうの外側をたてじまもようの紙でかこい，その紙を上から見て反時計回りにゆっくり回すと，そのようすを見たヒメダカたちは，紙のもようの変化に気づき，今まで自分たちがいた場所が移動していく，と考えます。したがって，ヒメダカたちは，今まで自分たちがいた場所を追いかけようとして，上から見て反時計回りに泳ぐようになります。

③問題の図3で，たてじまもようの紙を図4のような横じまもようの紙にかえてゆっくり回します。しかし，図3のように横じまもようの紙をいくら動かしても，紙のもように大きな変化はあらわれません。このため，そのようすを見たヒメダカたちは，紙のもようの変化に気づかなかったものと考えられます。したがって，ヒメダカたちはほとんど動きをみせなかった，ということになります。このような実験から，ヒメダカは水流やまわりの景色から，今いる場所を理解しているということがわかります。

答え

1 ① ① **ア**　② **イ**　③ **イ**
　　　④ **イ**
　② じゅせいらん
2 ① **A**　たいばん　　**B**　へそのお
　② **X**
　③ 外のしょうげきから，子ども（た
　　　い児）を守るはたらき。
3 ① **イ**　② **ウ**
　③ 自分で，呼吸を始める。
　④ **ウ**　⑤ **ア**

考え方

1 ①男性は，精巣とよばれる場所が発達
し，精子が体内でつくられるようになり
ます。女性は，子宮や卵巣とよばれる場
所が発達します。卵巣では卵（卵子）が
つくられるようになります。

②精子と卵（卵子）が結びつくことを
受精といい，受精した卵（卵子）のこと
を受精卵といいます。

2 ①図の**A**の部分をたいばんといい，母
親からの養分と，子ども（たい児）から
のいらなくなったものなどの交換が行わ
れます。また，図の**B**の部分をへそのお
といい，母親と子宮の中の子どもをつな
いでいます。へそのおでは，子どもから
はいらなくなったものが，反対に母親か
らは養分などが運ばれる通り道になって
います。

②養分など子ども（たい児）に必要な
ものは，たいばん，へそのおを通じて母
親から子どもに運ばれます。よって，**X**
が正解になります。

③子宮の中の子ども（たい児）の周り
は，羊水とよばれる液体で満たされてい

ます。羊水は外のしょうげきから，子ど
もを守っています。

3 ①・②生まれたばかりの子ども（赤ちゃ
ん）の標準的な身長は約50cm，体
重は約3000gです。

③生まれたばかりの子ども（赤ちゃん）
はうぶ声をあげます。息をすってからは
き出すことで声が出ますから，うぶ声を
あげたということは，はいを使って呼吸
を始めたことの確認にもなります。

なお，メダカはずっと水中にいるため，
はいのかわりに下の図のようなえらを
使って呼吸をします。

えら（えらぶた）

えらの内側

④人の子ども（赤ちゃん）が生まれる
と，へそのおがとれます。へそのおがと
れたあとが，へそになります。したがっ
て，人には全員へそがあります。一方，
メダカは卵から生まれるので，たいば
んやへそのおはありません。したがって，
メダカにはへそがありません。

⑤人がちち（母乳）を飲む期間は6
か月以上にもなり，イヌやネコなどと比
べても非常に長いです。したがって，
生まれてから6か月ほどたった子ども
（赤ちゃん）でも，多くの場合，ちち（母
乳）で育てられます。ただ，子どもの歯
（乳歯）が生えてくると，ちち（母乳）
以外の食べ物も食べられるようになりま
す。また，生まれてから1年を過ぎる
ころになると，立ちあがって歩けるよう
になります。しかし，長い文章を話すこ
とはまだできません。最初は1語や2
語などの短い言葉から話し始めます。

答え

1 ① ① ア ② イ ③ エ
④ ウ ⑤ オ
② ア，ウ，オ
③ 親が子にちち（母乳）をあたえる
という特ちょう。

2 ① しりびれ ② ア，エ，オ

3 からだが大きい動物ほど，たんじょう
までの日数が長くなる。

考え方

1 ①人やサルなどのほ乳類の子どもの生
まれ方は，次のようになります。まず，
おすがめすのからだの中に精子を直接送
りこみ，卵（卵子）と受精させます。受
精した卵（受精卵）はめすのからだの中
の子宮の中で育ち，やがて親と似たから
だとなって生まれてきます。生まれてき
た子には，母親がちち（母乳）をあたえ
ます。

②ほ乳類は，親から親と似たからだの
子が生まれ，生まれてきた子には，母親
がちち（母乳）をあたえます。したがっ
て，選択肢の中ではウシ，ゾウ，シマウ
マがあてはまります。カメとメダカは卵
から生まれ，親が生まれてきた子にちち
（母乳）をあたえることもありません。

③カモノハシはオーストラリア等にす
むほ乳類で，カモのようなくちばしを
もっています。カモノハシの親は卵を産
み，カモノハシの子どもは卵から生まれ
ます。カモノハシの子どもには，母親が
ちち（母乳）をあたえます。例外的では
ありますが，カモノハシは卵から生まれ
た子に母親がちち（母乳）をあたえると
いう特ちょうから，ほ乳類に分類されて
います。

2 ①メダカのおすとめすは，背びれとし
りびれの形で見分けられます。おすは背
びれに切れこみがあり，しりびれが平行
四辺形に近い形をしています。一方，め
すは背びれに切れこみがなく，しりびれ
が三角形に近い形をしています。

②問題文中の「めすよりもおすのほう
が目立つすがたをしている」ということ
をふまえて考えます。アはライオンのお
すで，立派なたてがみ（首のまわりに生
えている長い毛）があります。イはラ
イオンのめすで，たてがみはありませ
ん。ウはシカのめすで，角がありません。
エはシカのおすで，大きな角がありま
す。オはニワトリのおすで，大きなとさ
か（頭の上にあるやわらかな突起のよう
なもの）があります。カはニワトリのめ
すで，とさかがおすに比べて小さくなっ
ています。こん虫のなかまであるカブト
ムシも，下の図のように角があるのはお
すだけです。

このように，自然界
では，おすのほうが目
立つすがたをしている
ことが多いです。

しかし，動物たちの中には，ウサギや
カメ，カエルのように，見た目でおす，
めすの判断がすぐにできないものもいま
す。

3 表を見ると，ウサギ→イヌ・ネコ→ブ
タ→ウシ→ゾウというように，動物のか
らだが大きくなるにしたがって，受精卵
から成長して子どもがたんじょうするま
での日数が長くなっていることがわかり
ます。

答え

1 1 B

2 ① エ　② イ　③ ア
④ ウ

3 メダカ　**ア, ウ**
トノサマガエル　**ア, ウ**
ウミガメ　**イ, エ**
ツバメ　**イ, エ**

2 1 ① エ　② イ　③ ウ
④ ア

2 卵を産んでなかまをふやす。

3 4096 匹

考え方

1 1 背ぼねは, 背中を通るほねなので, Bが正解になります。

2 ①つばさのようなほねのつくりが見られるので, ハトが正解です。

②前あしと後ろあしのほねのつくりが見られるので, カエルが正解です。

③ひれのつくりが見られるので, フナが正解です。

④からだをくねらせるようなほねのつくりになっており, あしやひれのほねが見られないので, ヘビが正解です。

3 問題文に書かれている内容から考えます。メダカの親は, からのない卵を水中の水草にからめるようにして産みます。トノサマガエルの親は, からのない卵をゼリーのような物質でつつむようにして水中に産みます。ウミガメの親は, 海から上がってきて, からのある卵を陸上に産みます。ツバメの親は, からのある卵を陸上に産みます。親は巣の中で産んだ卵をあたためて守り, 生まれた子にはえさをあたえて育てます。

2 1 ①アゲハのようなこん虫のなかまは, 無せきつい動物の1つです。

②カタツムリは, 貝類やイカ, タコなどと同じなかまで, からだにやわらかい部分があります。

③カニはエビやミジンコなどと同じなかまで, からだに甲らのようなかたい部分があります。

④ウニははりのようなとげをたくさん持ち, ヒトデやナマコと同じなかまになります。

2 アゲハ, カタツムリ, カニ, ウニはいずれも卵を産んでなかまをふやします。カタツムリ, カニ, ウニについての知識がなくても, アゲハが卵を産むことから答えがわかります。

3 アメーバのような非常に小さい無せきつい動物では, からだを2つに分れつさせてなかまをふやすようにします。「ある生き物」は, 2日で2匹に分れつするので, 最初1匹だった「ある生き物」は, 2日後には2匹になります。さらに2日たつと, 2匹の「ある生き物」がそれぞれ分れつするので, 4匹になります。このように, 2日ごとに「ある生き物」の数が2倍になるので, 24日後の「ある生き物」の数は, 2を12回かけると求められます。$2 \times 2 \times 2 \times 2 \times 2 \times 2 \times 2 \times 2 \times 2 \times 2 \times 2 \times 2 = 4096$（匹）となります。

答え

1 ① 3匹　② 604個に1個
　③ 6令よう虫　④ イ　⑤ ウ

2 ① ア，イ
　② ア，イ，ウ，エ

考え方

1 ①成虫のおすとめすは同じ数だけいたので，6 ÷ 2 = 3（匹）が正解になります。

②3624個の卵から成虫になったのは6匹だったので，3624 ÷ 6 = 604（個）より，卵から成虫へと無事に成長できるのは，604個の卵の中から1個と計算できます。

③こん虫Aの場合，よう虫の大きさは1令よう虫のときが最も小さく，6令よう虫のときが最も大きくなります。したがって，6令よう虫のほうが鳥に見つかりやすいということになります。

④こん虫Aのよう虫には小さな虫Cがすみつき，一方的にこん虫Aから養分をうばいとっています。この場合，小さな虫Cだけが一方的に利益を得ており，小さな虫Cはこん虫Aに寄生（きせい）している，といいます。

⑤今の世代のこん虫Aの成虫のめすは3匹いるので，次の世代として産みつけられる卵の数は，1000 × 3 = 3000（個）です。また，卵から成虫へと無事に成長できるのは，500個の卵の中から1個なので，次の世代のこん虫Aの成虫の数は，3000 ÷ 500 = 6（匹）と計算できます。つまり，次の世代のこん虫Aの成虫の数は，今の世代のこん虫Aの成虫の数とかわらないということになります。

2 ①ルール3を整理しましょう。Oの遺伝子を2つ持った父親からは，下の図のようにOの遺伝子を持った精子だけがつくられます。

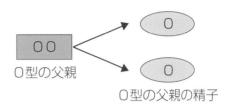

O型の父親　　O型の父親の精子

このことをふまえると，父親が持つ血液型を決める遺伝子がABの場合，父親が精子をつくるときにはA，Bのいずれか1つの遺伝子だけが受けつがれます。

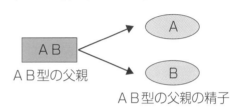

AB型の父親　　AB型の父親の精子

②まず，ルール3にしたがって精子，卵に受けつがれる血液型を決める遺伝子のパターンを整理しましょう。父親の精子が受けつぐ血液型を決める遺伝子はBまたはOです。また，母親の卵が受けつぐ血液型を決める遺伝子はAまたはOです。次にルール4より，子が持つ血液型を決める遺伝子の組み合わせは下の図のようにAB，BO，AO，OOの4種類となります。

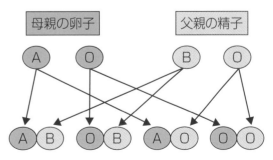

母親の卵子　　　父親の精子

子の血液型の可能性はAB型，B型，A型，O型の4種類すべてということになります。

答え

1 ① イ ② ア ③ オ

2 ❶ ア ❷ ア ❸ イ
❹ ウ ❺ ア

3 ウ

4 ❶ × ❷ × ❸ ×
❹ ○ ❺ ×

考え方

1 空をおおう雲の量は，雲量とよばれ，空全体を10としたときの雲の割合で，天気が決まります。

・晴れ：0〜8

※0〜1を快晴とするときもあります。

・くもり：9〜10

雲の量に関係なく，雨がふると，天気は雨となります。

2 ❺それぞれの空の様子から，

・午前9時：晴れ

・午前11時：晴れ

・午後1時：くもり

・午後3時：雨

となります。よって，ア〜エの中で最も適切なものは，アの晴れのち雨となります。

3 アは，ひつじ雲とよばれる雲で，高積雲とよばれる雲の1つです。低い位置に発生する雲で，秋によく見られます。イは，すじ雲とよばれる雲で，巻雲とよばれる雲の1つです。空の高い所にみられる雲で，晴れているときに，よく見られます。ウは，雨雲とよばれる雲で，乱層雲ともよばれます。

4 ❶雲は1日の間に，量もその位置も変化します。

❷雲は雨や雪をふらせたり，風で移動したり，なくなったり新しく発生したりをくり返しています。

❸雲は雨や雪をふらせるので，雲のようすで，天気は変化します。

❹雲は空気中の水蒸気が，上空で冷やされて，水てきや氷のつぶとなってういている状態のものです。

❺雲は日本上空では，へん西風という風に流されて，西から東に移動していきます。

答え

1 　❶ ア 西 　イ 南 　❷ エ

2 　❶ ① → ③ → ④ → ②

　　❷ 日本の天気は，西から東に移りか
　　　わる。

　　❸ × 　❹ ア 　❺ ２日目

3 　❶ ア ○ 　イ × 　ウ ×

　　❷ ア

考え方

1 　❶北を向いたときは，右側が東，左側
　　が西，うしろ側が南になります。南を向
　　いたときは，北を向いたときとは逆に，
　　左側が東，右側が西になります。

　　❷へん西風とは，日本の上空を西から
　　東の方向にふいている風です。この風の
　　えいきょうで，日本の上空の雲は，西か
　　ら東に流されます。それにともない日本
　　の天気も西から東に変化していきます。

2 　❶・❷日本の上空には，西から東へふ
　　くへん西風とよばれる風がふいています。
　　この風が雲を運ぶので，雲が西から東に
　　動いていきます。天気もこの雲の動きと
　　同じように移っていきます。

　　❸①の図には●の雨の記号がないので，
　　日本に雨のふっている地域はないと考え
　　られます。

　　❹４日目の②では，関東地方に◎の
　　くもりの記号があるので，アのくもりと
　　考えられます。

　　❺大阪に●の雨の記号がついているの
　　は③です。①から③は２日目です。

3 　「夕焼けが見られると，翌日は晴れる。」
　　といわれるのは，日本の天気は，特に春
　　と秋には西から東へ移りかわっていくた
　　めです。夕焼けが見られるときは，西の

空が晴れているので，翌日の天気は晴れ
ると考えられます。

「太陽や月がかさをかぶると雨になる。」
といわれるのは，このかさというのが，
うすい雲のことで，うすい雲が見られる
ので，天気が雨になると考えられるから
です。

「ツバメが低く飛ぶと天気が雨になる。」
といわれるのは，ツバメのえさは空気中
を飛んでいる小さな虫だからです。雨が
近づくと，空気中の水蒸気の量が多く
なり，空気中を飛ぶ小さな虫のからだの
重さは重くなります。そのため，ツバメ
もえさを追って低く飛ぶと考えられます。

答え

1 ① 雲　② イ　③ イ
　　④ B → C → A
2 ① イ　② エ　③ ア

考え方

1 ①画像A〜Cは，気象衛星から送られ
てくるデータをもとに作られたものです。
白く見えている部分は，日本上空の雲の
ようすを表しています。

　②気象衛星から送られたデータをもと
に，雲のようすをわかりやすく表したも
のを「雲画像」といいます。

　③雲画像の白い部分は，雲のようすを
表しているので，その地域は雲におおわ
れています。そのため白く見えている地
域の天気はくもりか雨であることが多い
とわかります。雲画像の黒い部分は，雲
がなく，青空が見られている地域なので，
快晴か晴れであると考えられます。

　④日本上空の雲は，西から東へ向かっ
てふくへん西風のえいきょうをうけて，
西から東に雲が流れます。このことから，
日がたつにつれて，白い部分の雲を表し
た所が，西から東に移動しているという
ことがわかります。

2 Aは大地にふる雨や雪の量，Bは大地
から蒸発する水蒸気の量，Cは海から蒸
発する水蒸気の量，Dは海にふる雨や雪
の量，Eは大地から海に注ぐ水や氷の量
をそれぞれ表しています。

　①大地にふり注ぐ水の量（A）から，
大地からはなれる水の量（B，E）を引
くことで，大地が保つ水の量がわかりま
す。

　②海に注がれる水の量（D，E）から

海からはなれる水の量（C）を引くこと
で，海が保つ水の量がわかります。

　③地球上の水はすがたをかえながら，
空と陸，海をめぐり，地球全体としては
水の量は一定に保たれています。

答え

1　❶ 雨　　❷ アメダス
2　❶ イ　　❷ イ　　❸ ア
　　❹ ウ　　❺ ア
　　❻ ① ア　　② イ　　③ ウ
　　　　④ オ　　⑤ エ

考え方

1　❶雨量，気温，風速，風向，日照時間などを観測しています。
　❷アメダスは，日本全国に約1300か所設置されています。

2　❶広島市よりも東に明石市と横浜市があるので，広島市で雨をふらせた雨雲が，やってくると考えられます。
　❷・❸・❹ 1日目は，夜明けとともに気温が上がりはじめていますが，大きな変化がないことから，くもりです。また，18時ごろから気温が変化しなくなったことから，雨がふり，空が雲でおおわれていたと考えることができます。この状態が2日目の9時ごろまで続くことから，雨は2日目もやむことなくふり続け，15時ごろに気温が高くなっているので，昼すぎには雨もやんで，晴れてきたと考えられます。3日目は日の出とともに気温が上がり，1日の気温の変化も大きいので，1日中晴れていた，と考えることができます。
　❺広島市と横浜市について1日目から天気を比べていくと，

	広島市	横浜市
1日目	雨	くもり
2日目	晴れ	雨
3日目	晴れ	晴れ

となるので，広島市で1日目に雨をふらせた雲が2日目に横浜市で雨をふらせていると考えられます。グラフでは1日目の18時ごろから，2日目の9時ごろまで雨がふるので，広島市と横浜市の間に位置していると考えられます。その後，2日目と3日目は広島市ではともに，1日中晴れでその後も晴れの天気が続いたことから，明石市の2日目の9時以降，天気が回復し，晴れが続いたこととも、いっちします。
　❻❺から考えて，日本の天気は「広島市→明石市→横浜市」と雨が移動しています。これは，へん西風（日本の上空に西の方向からふいてくる風）によるえいきょうです。よって，地上の天気も雲の流れと同じように，「西から東」へと変化すると考えられます。

答え

1 ❶ 南 　❷ ウ 　❸ ウ

　　❹ ア 　❺ エ

2 ❶ 上 　❷ ウ

3 ❶ ○ 　❷ ○ 　❸ ○

　　❹ × 　❺ ○

考え方

1 　日本の南のあたたかい海の上で発生する「熱帯低気圧」とよばれるもののうち，北西太平洋で発達して中心付近の最大風速が毎秒 17.2 m以上になったものを「台風」とよびます。台風は上空の風に流されて動き，また地球の自転のえいきょうで北へ向かう性質をもっています。そのため，ふつう東からの風がふいている日本の南の地域では西に流されながらしだいに北へ進み，上空で強い西の風（へん西風）がふいている日本付近までくると，台風は速く北東に進みます。また，このときに日本に強い風と大雨をもたらします。

2 　台風が発生する南の海上では太陽のエネルギーを十分に受けているので，海面から常に多量の水蒸気が蒸発していて，たくさんの水蒸気を台風は吸収しています。この水蒸気が，台風の中心付近にある上昇気流に乗って上空に行くと，たくさんの熱を出します。この熱が台風のエネルギーとなっています。

3 　❶台風による強い風で大きな木がたおされることがあります。

　❷台風の下にある海水面がまわりの海水面よりも高くなることがあります。

　❸台風による雨を大量に地面が吸収することで，土砂くずれの原因となること

があります。

　❹年によって，日本にやってくる台風の数はちがいます。

　❺台風による雨水は，わたしたちの生活用水や農業などにも利用される大切な水資源ですが，一度に大量の雨がふるために，農作物に被害をあたえることもあります。

答え

1 暴風域　**ウ**　　強風域　**エ**
　予報円　**ア**　　暴風警戒域　**イ**

2 ❶ **ア** 7月　　**イ** 8月
　　　 ウ 9月　　**エ** 10月
　❷ 台風が通り過ぎたあと, おだやか
　　な晴天になること。

3 ❶ 目　　❷ **ウ**　　❸ **ア**

考え方

1 　ある時点での台風の中心は「×」で表
　されます。そのすぐ外にある円は, 風速
　毎秒 25 m以上のとても強い風がふくはん
　囲で「暴風域」とよばれるので, **ウ**が「暴
　風域」です。「暴風域」の外側にある円
　は, 風速毎秒 15 m以上の強い風のふく
　はん囲で「強風域」とよばれているので,
　エが「強風域」です。また, 12 時間後,
　24 時間後, 48 時間後, 72 時間後に,
　台風の中心がくる可能性があるはん囲が
　「予報円」, 予報円の外側には「暴風警戒
　域」とよばれる, 12 時間後, 24 時間
　後, 48 時間後, 72 時間後に, 風速毎
　秒 25 m以上のとても強い風がふくおそ
　れがあるはん囲を表す円があるので, 内
　側の**ア**が「予報円」で, 外側の**イ**が「暴
　風警戒域」となります。

2 ❶台風は, へん西風や小笠原気団のえ
　いきょうで日本列島を南西～北東にかけ
　て移動します。9 月頃になるとその小笠
　原気団が勢力を弱め, 日本からだんだ
　んと遠のいていくために日本海側を通過
　していたのが, 太平洋側を通過するよう
　になります。
　❷台風一過とは, 台風が日本列島を通
　過して北東に進み, 日本列島が晴れ（快

晴）になることを表します。これは, か
わいた空気が日本列島をおおうからです。
転じて, 台風以外でも, さわぎがおさま
り, 一気に静けさをとりもどすような
状況で使われることもあります。

3 ❶台風の中心付近は下降気流が発生
　しているため, 青空がみられることもあ
　ります。
　❷台風の目のまわりは, はげしい上
　昇気流があり, 雨や風が最もはげしく
　なりますが, 台風の中心では, おだやか
　な天気となります。
　❸北海道・本州・四国・九州の内の 1
　つでも上を通過すると, 台風が日本に上
　陸したといいます。

23

答え

[1] ① ア　② ウ　③ イ

[2] ① ア　② ウ　③ Y　④ イ

[3] 川岸に近い所は，真ん中あたりに比べて浅くなっていて，川岸やその付近の土や石によって水の流れがじゃまされるため。

考え方

[1] ① 川の曲がっている所の外側では，ふつう水の流れが速くなります。水の流れが速い所では，地面が深くけずられ，しん食が起こります。

② 川の曲がっている所の内側では，ふつう水の流れがおそくなります。よって，小さなれきや砂が積もりやすくなり，たい積が起こります。

③ 川の上流で流されていたれきは，止まることなく下流付近でも流されていきます。このようなはたらきを運ぱんといいます。

[2] ① 川の曲がった所では，内側では流れがおそく，外側では流れが速くなります。

② 川の曲がった所では，内側は流れがおそいので，たい積のはたらきが大きくなります。そのため，内側の川底は浅くなります。一方，外側は流れが速いので，しん食のはたらきが大きくなります。そのため，外側の川底は深くなります。

③ ②より，川の曲がった所では，内側の流れがおそく，また水深が浅いので，川遊びをする場合，安全であるといえます。よって，Yが一番安全です。外側は流れが速く，また水深が深いので，危険(きけん)であるといえます。さらに，外側の川岸は，しん食のはたらきにより，がけのような地形になっていることが多いので，これも危険な点の１つです。よって，XやZは安全とはいえません。

④ ②より，川の曲がった所の内側では，たい積のはたらきが大きくなるので，川原のような地形が広がっていきます。また，川の曲がった所の外側では，しん食のはたらきが大きくなるので，川岸はけずられていきます。その結果，川の曲がり方がだんだんきつくなっていきます。

[3] 川の真ん中あたりでは水の流れが速いのでしん食のはたらきが大きく，川の両岸では，水の流れがおそいのでたい積のはたらきが大きくなります。このため，川の深さは真ん中が最も深くなっています。

答え

① ケ	② コ	③ イ			
④ ア	⑤ シ	⑥ サ			
⑦ エ	⑧ ウ	⑨ ス			
⑩ セ	⑪ ク	⑫ キ			
⑬ カ	⑭ オ				

2　① イ　② F　③ A

考え方

1 ①・②ふつう，川は，上流では山間部を流れるので，かたむきが急です。よって，水の流れは速くなります。一方，下流では平野部を流れるので，かたむきがゆるやかです。よって，上流に比べて水の流れはおそくなります。

③・④川の始まりは，雨で地面にしみこんだ水などが集まったものです。上流から下流へ流れるにつれ，だんだん水が集まっていきます。よって，川の上流では水の量は少ないですが，下流へ近づくにしたがって，水の量が多くなっていきます。

⑤・⑥川の上流は水の量が少ないので，川はばがせまくなります。一方，下流は水の量が多いので，川はばは広くなります。

⑦・⑧川の両岸について，上流ではがけになっていることが多く，下流では川原が広がっていることが多いです。

⑨・⑩川の上流では，水はとてもすんでいますが，下流へ流れるにつれ，土砂などでにごっていきます。また別の理由として，人による生活はい水が原因で，下流の水がにごってしまうこともあります。

⑪・⑫ふつう，気温は，標高が高くなるにつれ，低くなっていきます。そのため，川の上流では，気温の低さによって，水の温度も低くなります。一方，川の下流では，気温の高さによって，水の温度も高くなります。また，別の理由として，直射日光によって川の水の温度が上がる，という点もあります。上流は山間部を流れるので，山や木によって，直射日光が当たりにくいです。また，下流を流れる水ほど，直射日光に当たった時間も長いので，水の温度が高くなります。

⑬・⑭川の上流の石は大きく，角ばっていますが，下流の石は小さく，丸みをおびているものが多いです。これは，石が下流へ流されたときに，割れて小さくなり，石どうしでぶつかったり，川底を転がったりしているうちに，石の角がけずられてしまうからです。

2 ①グラフでは，右へいくほど河口からのきょりが遠く，グラフの上へいくほど標高が高いことを表しています。そのため，流れたきょりに対する高さの変化，つまり川のかたむき（こう配）がわかります。

②グラフ上で見たときの川のかたむき（こう配）が最もゆるやかな川を選びます。

③グラフの中で最もかたむきが大きい川なので，Aです。

25

答え

1 ① ウ

② 地形の名前　V字谷（ブイじこく）

　　記号　イ

③ 三角州（さんかくす）

2 ① A　たい積

　　B　しん食

② こう水　　③ ウ

④ エ → ア → イ → ウ

考え方

1 ①アの写真は川はばが広く，水の量も多いことがわかります。また，周りの土地が平たんであることもわかります。よって，アは下流の写真です。また，イの写真は川はばがとてもせまく，水の量が少ないことがわかります。また，川のかたむきが急であることもわかります。よって，イは上流の写真です。これらのことから，中流のようすを表した写真はウです。

②両側ががけで，谷がV字の形をした地形をV字谷といいます。V字谷は，流れる水のはたらきのうち，しん食のはたらきによってできた地形です。川の上流は流れが速いので，川底がどんどんけずりとられてできます。

③下流の海に近い所では，急に水の流れがおそくなるため，石や砂などがたまりやすくなります。この結果，川が浅くなって，川底が水面から三角形の形に出てきた地形を三角州といいます。

2 ①川の曲がった所では，内側は流れがおそいため，流れる水のはたらきのうち，石や砂を積もらせるはたらきが大きくなります。このはたらきを，たい積といい

ます。一方，外側は流れが速いため，流れる水のはたらきのうち，川岸や川底をけずるはたらきが大きくなります。このはたらきを，しん食といいます。

②川が蛇行している場合，大雨などで川の水の量がふえ，流れが速くなったとき，水が川にそって流れず，あふれてしまいます。川からあふれた水によって陸地が水の中に入ってしまったり，水びたしになってしまったりすることを，こう水といいます。

③こう水で，大量の水が一度に流れると，蛇行した川であっても，川の道すじによらずまっすぐ流れてしまうことがあります。もともとの川の曲がりくねっていた所がとり残されることによって，三日月湖ができます。

④蛇行した場所で大雨などによるこう水が起こると，川岸がくずれて新しくまっすぐな川の流れができることがあります。大きく曲がっていた部分はとり残され，三日月形の小さな湖になります。これが三日月湖です。

三日月湖のでき方

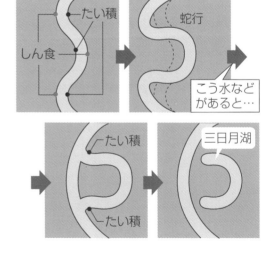

答え

1 ① 堤防（ていぼう）　② イ
　③ イ　　　　　　④ ウ
2 ① ダム（貯水ダム）
　② 砂防ダム（さぼう）
　③ 400万 L

考え方

1 ① こう水を防ぐために，川岸に土や石などを用いてもり上げたもの（コンクリートで補強している場合もある）を堤防といいます。堤防によって川辺の自然環境がこわされ，そこにすむ植物や動物が減ってしまうという問題もあります。

② 小石や砂が積もることで川底が高くなり，再び川岸の堤防を高くすることをくり返した結果，川底が川の周りの土地よりも高くなることがあります。このような地形を天井川といいます。家の天井よりも高い所を流れる，という意味からそうよばれています。

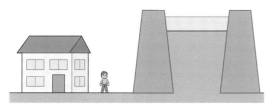

③ V字谷・三角州などの地形は，天井川とはちがい，自然の中で見られる地形です。天井川は，「堤防を高くする」という，人の手が加えられてできる地形なので，自然の中では見られません。

④ 堤防がつくられることによって，川は自然の形から大きくかわります。それにより，それまで川にすんでいた生物がすめなくなります。結果として，周辺の自然環境がこわされてしまうのです。

2 ① 大雨による川のこう水を防いだり，わたしたちの生活に使うために水をためておく施設をダムといいます。川の水を治めるために，ダムはふつう，川の上流につくられます。

② 砂防ダムは，けずられた石や砂が，下流に一度に流れてしまうのを防いでいます。

③ $1000cm^3 = 10cm × 10cm × 10cm$ なので $0.1m × 0.1m × 0.1m = 0.001m^3$ です。したがって，1L は $0.001m^3$ です。つまり，1時間当たりにダムに集まる4億 L の水は40万 m^3 ということになります。よって，10時間でダムに集まる水は400万 m^3 です。一方，ダムにはあと，

20万（m^2）× 8（m）= 160万（m^3）

の水をためることができるので，ダムから水を出さなければ，10時間後に，

400万（m^3）－ 160万（m^3）= 240万（m^3）

の水があふれてしまうことになります。したがって，10時間で240万 m^3 の水を出せばよいので，1時間で24万 m^3，1分あたりでは，

24万 ÷ 60 = 0.4万（m^3）

以上の水をダムから出せば，ダムから水があふれることはありません。0.4万 m^3 は400万 L です。

答え

1 ① ア
② アからウまでの長さ
③ 55cm
④ 105cm
2 ① A → B → C → B → A
② ウ
③ B
④ 同じ
⑤ ア　右になる。
　　イ　高くなる。

考え方

1 ①糸と天井をつなぎ，固定した所をふりこの支点といいます。

②ふりこの支点からおもりの中心までのきょりをふりこの長さといいます。

③おもりの直径が10cmなので，おもりの半径は，

　10 ÷ 2 = 5（cm）

です。ふりこの長さは糸の長さとおもりの中心までのきょりの和なので，

　5 + 50 = 55（cm）

です。

④③のふりこの長さを2倍にすると，110cmになります。おもりの大きさは③と同じなので，用意する糸の長さは，

　110 − 5 = 105（cm）

になります。

2 ①ふりこは右へ向かってAからBを通りCまで動き，Cで一度止まったのち，左へ向かってCからBを通りAまで動きます。

②ふりこのおもりはふりこの支点の真下に位置した所（B）から，左右に同じきょりだけ動きます。

③ふりこは，おもりが高い位置にあるときほどおそく，低い位置にあるときほど速く動きます。よって，最も速くおもりが動くのはBのときです。

④ふりこのおもりは左右同じ高さまで上がります。

⑤ふりこのおもりに力をあたえるようにしてふらせると，静かに手をはなしたときと比べて右まで動き，高い位置まで上がります。

答え

1　①ウ

　②A　20.1　　B　20.0

　　C　2.0　　D　2.0

　③ウ

　④ウ

　⑤ア

　⑥3.0秒

考え方

1　①1往復する時間はとても短いため，正確に測定するのが難しいので，ふつう10往復する時間を測定します。

　②平均は数値の合計を，数値の数で割ると求まります。よって，Aは，

　　(20.1+20.0+20.2) ÷ 3 = 20.1（秒）

になり，Bは，

　　(20.0+19.8+20.2) ÷ 3 = 20.0（秒）

になります。周期は実験で求めた10往復するのにかかる時間の平均を10で割ると求まります。よって，Cは，

　　20.1 ÷ 10 = 2.01（秒）

になり，小数第2位を四捨五入すると，2.0秒になります。また，Dは，

　　20.0 ÷ 10 = 2.00（秒）

になり，小数第2位を四捨五入すると，2.0秒になります。

　③ある条件について調べるときは，ある条件以外はすべて同じものを選んで比べます。そうしないと，異なる結果になった原因が何なのかわからなくなります。表2の実験①，②，③では，ふれはばは，5°，10°，15°と異なりますが，おもりの重さ，ふりこの長さはすべて同じです。このことから，ふれはばをかえても，ふりこの周期はかわらないことがわかります。

　④表3の実験①，④，⑤から，おもりの重さをかえても，ふりこの周期はかわらないことがわかります。

　⑤表4の実験①，⑥，⑦，⑧から，ふりこの長さを長くすると，ふりこの周期が長くなることがわかります。

　⑥③，④，⑤の結果から，ふりこの周期は，「ふりこの長さ」に関係し，「おもりの重さ」，「ふれはば」には関係しないことがわかります。また，実験①，⑧からふりこの長さが9倍（3×3倍）になると，周期は3倍になることがわかります。よって，ふりこの長さが225cmのふりこの周期は，ふりこの長さが25cmのふりこ（ふりこの長さが225cmのふりこは，ふりこの長さが25cmのふりこの9倍の長さ）の周期の3倍である，

　　1.0 × 3 = 3.0（秒）

になります。小数第1位まで求めることから，「3」ではなく「3.0」と答えましょう。

答え

1 ① C ② ウ
③ 2.0 秒 ④ ケ
⑤ オ ⑥ イ

2 ① ⑥ ② ウ，エ，ケ
③ 1.7 秒

考え方

1 ①ふりこのおもりが最も低くなるC（最下点）の位置はおもりが最も速く運動します。

②最下点のおもりは，はじめに持ち上げる高さを高くすると速く動きます。おもりの重さをかえても最下点でのおもりの速さはかわりません。

③10往復するのにかかる時間の平均を求めると，

(20.3 ＋ 19.6 ＋ 20.1) ÷ 3 ＝ 20.0（秒）

になるので，1往復するのにかかる時間は，

20.0 ÷ 10 ＝ 2.0（秒）

になります。小数第1位まで求めることから「2」ではなく「2.0」と答えましょう。

④③をふまえると，1往復するのに2.0秒かかるので，AからCまで0.5秒かかり，CからEまで0.5秒かかります。よって，Aからふりはじめて0.5秒後にはC，1.0秒後にはE，1.5秒後にはC，2.0秒後にはAに位置します。

⑤③をふまえると，2往復するのに4.0秒かかるので，Aからふりはじめて5.5秒後には，2往復してAからEを通り，Cに位置します。

⑥おもりは低い所（最下点のCに近い所）のほうが，速く動くので，AからBまで動く時間よりも，BからCまで動く時間のほうが短くなります。よって，Aからふりはじめて0.25秒後はAとBとの間に位置することがわかります。

2 ある条件について調べるときは，ある条件以外はすべて同じものを選んで比べます。そうしないと，異なる結果になった原因が何なのかわからなくなります。

①水平面で最も速く動くということは，15mの水平面を進むのにかかる時間が最も短いということになります。したがって，実験①～⑧の中では，実験⑥となります。

②重さ：実験①，②，③から，おもりを重くしても15mの水平面を進むのにかかる時間はかわらないので，速さはかわらないことがわかります。

高さ：実験①，④，⑤，⑥から，はじめのおもりの高さを高くするほど15mの水平面を進むのにかかる時間が短くなるので，速く運動していることがわかります。

斜面の角度：実験①，⑦，⑧から，斜面の角度を大きくしても15mの水平面を進むのにかかる時間はかわらないので，速さはかわらないことがわかります。

③②からおもりの重さ，斜面の角度は，水平面を進む速さには関係しないことがわかります。また，実験①，⑤から，はじめの高さを4倍高くすると，かかる時間は半分になることがわかります。よって，実験⑨は実験④の4倍高いので，かかる時間は3.4秒の半分の1.7秒となります。

答え

1 ① D

　　② C

2 ① 同じ

　　② Ⅰ 2　　　　Ⅱ 3

　　③ Ⅲ 短く　　Ⅳ 長く

　　④ Ⅴ 4.0　　Ⅵ 1.8

考え方

1 ①問題文の「この装置において，〜性質があります。」から考えます。Aと同じ周期のふりこは，ふりこの長さが同じDのふりこです。

②問題文の「下のぼうを〜がふれます。」から考えます。はじめ，ぼうを前後にゆっくりとふれさせるので，ゆっくり動くふりこがはじめにふれます。ゆっくりふれるふりこは，周期が長くなります。また，周期の長いふりこでは，ふりこの長さが長くなります。これらのことをふまえて，図を見ると，ふりこの長さが最も長いのはCとわかり，Cがはじめにふれはじめるふりこであるとわかります。

2 ある条件について調べるときは，ある条件以外はすべて同じものを選んで比べます。そうしないと，異なる結果になった原因が何なのかわからなくなります。

①ふりこの長さはすべて同じため，ふりこの周期も同じです。つまり，ふりはじめから積み木にしょうとつするまでの時間もすべて同じです。

②実験①，②から，ふりはじめの高さを2倍にすると移動するきょりが2倍になり，実験①，③から，ふりはじめの高さを3倍にすると移動するきょりが3倍になることがわかります。

③実験①に比べ，実験④は積み木の重さが重く，移動したきょりは積み木の重さが重い実験④のほうが短いです。一方，実験①に比べ，実験⑤はおもりの重さが重く，移動したきょりはおもりの重さが重い実験⑤のほうが長いです。

④実験①，⑦では，積み木の重さとおもりの重さが等しいとき，移動するきょりは4.0cmになります。一方，実験④，⑧では，積み木の重さがおもりの重さの2倍のとき，移動するきょりは1.8cmになります。

答え

1 ① イ, オ, カ, キ   ② イ, カ
③ S極   ④ 両方
⑤ ① N極   ② S極
③ N極   ④ S極

2 ① コイル   ② ない   ③ イ
④ S極   ⑤ S極

考え方

1 ①金属は電気を通すので，鉄でできた画びょうや缶，銅でできた十円玉，アルミニウムでできたアルミ缶は電気を通します。また，ガラスや竹，紙は金属でないので電気を通しません。なお，鉄の缶やアルミの缶の表面には電気を通しづらいものがぬってあるので，電気が通るか試す前に，あらかじめぬられているものをはがす必要があります。

②鉄でできたものは，磁石に引きつけられます。鉄以外の金属である銅でできた10円玉やアルミニウムでできた缶は，磁石に引きつけられません。また，金属でないガラス，竹，紙も磁石に引きつけられません。

③磁石は同じ極どうしはしりぞけ合う力が，異なる極どうしは引き合う力が生じます。たとえば，N極とS極を近づけると引き合います。一方で，N極とN極，または，S極とS極を近づけるとしりぞけ合います。

④鉄は，磁石のN極，S極どちらの極からも引きつけられる力を受けます。

⑤磁石を切ると，切ったものも磁石となり，左側がN極に，右側がS極になります。

2 ①導線をストローなどに同じ向きに何回もまいたものをコイルといいます。

②問題の**ア〜エ**はどれも鉄でできたものではないため，磁石としてのはたらきのあるコイルに引きつけられることはありません。なお，ストローに導線をまいただけのコイルの場合，磁石としてのはたらきはあるものの，その力はとても弱いため，磁石には引きつけられる鉄のクリップも，ストローにまきつけただけのコイルには引きつけられません。

③ストローに導線をまいたコイルの中に鉄くぎのような鉄心（鉄のしん）を入れると，コイルの磁石としての力がとても強くなります。これを電磁石といいます。金属でないもの（木やガラス，プラスチックなど）や鉄以外の金属（金，銅，アルミニウム）をコイルの中に入れても電磁石の磁石としてのはたらきは強まりません。

④コイルの右側に棒磁石のN極が引きつけられるため，コイルの右側はS極です。

⑤かん電池の向きを逆にすると，流れる電流の向きが反対になるため，コイルの右側はN極になります。コイルの右側がN極になったので，そこに引きつけられるのはS極ということになります。

答え

1 **1** ウ　**2** イ　**3** S極
4 南　**5** S極

2 **1** ①，②，③　**2** ③と④
3 ⑥　**4** 180mA（0.18A）
5

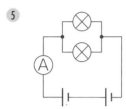

考え方

1 **1** 棒磁石についた上のクリップは，磁石のはたらきをもち，そのクリップについた下のクリップも磁石のはたらきをもちます。

2 棒磁石のN極についている上のクリップの上側はS極に，下側がN極になります。また，下のクリップは上のクリップのN極についているので，下のクリップの上側はS極に，下側がN極になります。このことをふまえると，下のクリップの○の部分はN極であるとわかります。○の部分に別の磁石のN極を近づけると，クリップはしりぞけられる力を受けます。

3・**4** 鉄でできたものに磁石のN極を何回も同じ向きにこすると，こすりはじめる部分がN極になり，こすり終わる部分がS極になります。実験において，針の先はこすり終わる部分なので，S極になります。また，**4** において，針は根元がN極，先がS極になっており，方位磁針（ほういじしん）のように南北をさし示（しめ）すことができます。このことをふまえると，S極である針の先は南をさします。

5 北極点の方向に磁石のN極がふれる

のは，北極点の向きから引きつけられる力を受けるためです。よって北極点はS極のはたらきがあると考えることができます。

2 **1**・**2** 電流計は＋たんしが1種類，－たんしは50mA，500mA，5Aの3種類があります。電流の強さがわからないときは，まず，5Aの－たんしにつなぎます。5Aにつないで電流計の針の動きが小さすぎて目盛（め）りが読みにくい場合は，500mA，50mAの順に－たんしをつなぎかえます。

3 かん電池の＋極とつながっている導線を電流計の＋たんしにつなぎます。

4 電流計の目盛りの上は5Aのたんしにつないだときに，目盛りの下は50mAのたんしにつないだときに使います。500mAのたんしにつないだときは，目盛りの下の値を10倍することで，電流の強さがわかります。

5 問題文に，「豆電球2個は直列につなぐよりも並列につなぐほうが回路全体に流れる電流は強くなる」とあることから，豆電球は並列につなぎます。また，2個のかん電池は，並列につなぐより直列につないだほうが強い電流が流れます。なお，電流計は，下の図のように右側にかいてもかまいません。

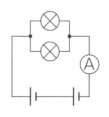

答え

1 ❶ 左側 **エ** 　右側 **エ** 　❷ 親指

2 ❶ ① 多くする 　② 多くする

　❷ 強い

考え方

1 ❶ この問いのように電気を流した電磁石の側に方位磁針を置くことで、電磁石のS極、N極を明らかにすることができます。次の図のような電磁石を用意し、電磁石の両はしに方位磁針を置きます。

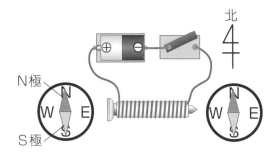

スイッチを入れると次の図のように方位磁針の向きがかわります。

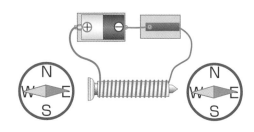

このことから方位磁針のN極と引き合っている電磁石の左側はS極、方位磁針のS極と引き合っている電磁石の右側はN極であることがわかります。

❷ 流れる電流の向きに合わせてコイルを右手でにぎったときに、親指の向きが電磁石のN極のはたらきを示します。このことを知っておくと、コイルのまき方と電流の流れる向きさえわかれば、コイルや電磁石のどちら側がN極かがわか

りります。また、ふつうの磁石（永久磁石）と同じように、N極の反対側がS極となります。

① 右手の親指以外の指を電流の向きに向けて、コイルをにぎる。

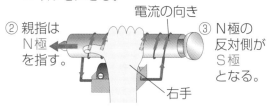

② 親指はN極を指す。

③ N極の反対側がS極となる。

電流の向き

右手

2 ❶ ① 回路Ⅰより回路Ⅱのほうが、電磁石にクリップが多くついています。回路Ⅰと回路Ⅱの同じ点、ちがう点を比べると、コイルのまき数は両方とも100回で同じですが、直列つなぎのかん電池の数は回路Ⅰが1個、回路Ⅱが2個です。このことから、直列つなぎのかん電池の数を多くすると、電磁石につくクリップの数がふえることがわかります。

② 回路Ⅱより回路Ⅲのほうが、電磁石にクリップが多くついています。回路Ⅱと回路Ⅲの同じ点、ちがう点を比べると、直列つなぎのかん電池の数は両方とも2個で同じですが、コイルのまき数は回路Ⅱが100回、回路Ⅲが200回です。このことから、コイルのまき数を多くするほうが、電磁石につくクリップの数がふえることがわかります。

❷ 回路Ⅴより回路Ⅳのほうが電磁石にクリップが多くつくことから、かん電池の数が同じで、コイルのまき数も同じとき、太い導線のほうが細い導線よりも電流が強く流れることがわかります。したがって、太い導線のほうが細い導線よりも電流が流れやすいこともわかります。

答え

1 ① A ア　B イ　② ア
　③ のびている　④ S極
2 ① ア　② エ　③ ア

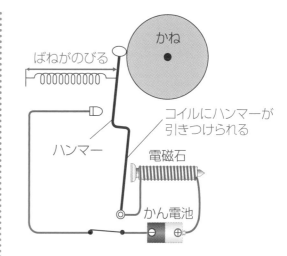

考え方

1 ① ベルはコイルに電流が流れ，コイル
が電磁石のはたらきをすると，ハンマー
がコイルに引きつけられ，かねをたたき
ます。かねをたたくとハンマーが接点か
らはなれて，回路が切れるためコイルに
電流が流れず，コイルが電磁石のはたら
きをしなくなり，コイルのハンマーを引
きつける力がなくなり，ばねによって，
ハンマーが元の位置にもどります。する
と，ハンマーが接点にふれ，コイルに電
流が流れ，ハンマーを引きつけます。こ
れをくり返して音が鳴り続けます。

② ハンマーは電磁石のはたらきによっ
て，引きつけられます。電磁石をふくめ
た磁石に引きつけられる金属は，問題の
選択肢（せんたくし）の中では鉄だけなので，ハンマー
は材質が鉄でできていることがわかりま
す。

③ スイッチを入れると，コイルが電磁
石としてはたらき，ハンマーが次の図の
ようにコイルのほうに引きつけられます。
ハンマーがコイルに引きつけられると，
ハンマーについたばねはのびた状態にな
ることがわかります。

④ 木の棒を中心に反時計回りに回るた
めには，コイルのA側が永久磁石（えいきゅうじしゃく）のN
極に引きつけられる力を受けるので，A
はS極のはたらきをしています。

2 ① スイッチを切ると，回路に電流が流
れないので，N極が北をさします。なお，
図から，導線の上に方位磁針を置くと，
方位磁針の針は東にふれることから，導
線の下に方位磁針を置くと，図のときと
は逆向きの力を受けるので，方位磁針は
西にふれます。

② かん電池の向きを逆にすると，流れ
る電流の向きが逆になり，図のときとは
逆向きの力を受けるので，西にふれます。
コイルに電流を流したときと同じです。

③ 豆電球が消えていたことから，かん
電池の電流を流すはたらきがなくなった
ことがわかります。よって，方位磁針は
北を指します。

答え

1 ① × ② ○ ③ × ④ ×
⑤ ○ ⑥ × ⑦ ○

2 ① **イ**
② 食塩 ③ ホウ酸 ④ 2.4g
⑤ ホウ酸のほうが2.6g多い

考え方

1 ①・②水よう液はとう明です。とう明とは、すきとおっているという意味で、無色とは異なります。

③水よう液のこさは、上のほうでも下のほうでも同じです。

④ものが水にとけて水よう液になれば、もののつぶは目に見えないくらい小さくなっています。

⑤ものがとける量には限り(かぎ)がありますが、それは温度によって変化します。したがって、たくさんとかすことができる温度でとかせるだけとかし、その温度よりもとけにくい温度にすると、とけ残りが出てきます。

⑥水よう液を加熱させると水は蒸発しますが、食塩のように固体をとかした水よう液では、とけていたものは蒸発しません。

⑦水よう液にとけているものは、ろ紙を通りぬけるくらい小さくなっているので、ろ過ではとり出せません。

2 ①ミョウバンの結晶は、**ウ**のような正八面体(はちめんたい)とよばれる形をしています。食塩の結晶は、**ア**の立方体(りっぽうたい)のような形をしています。ホウ酸の結晶は、**イ**の六角柱(ろっかくちゅう)とよばれる形です。ミョウバン、食塩の結晶の形を知っていれば、ホウ酸の結晶の形を知らなくても解(と)けます。

②表より、0℃の水100mLにとかすことができる食塩は35.6gです。また、60℃の水100mLにとかすことができるホウ酸は14.9gです。よって、食塩のほうが多くとかすことができます。

③表より、20℃の水100mLにとかすことができる食塩は35.8gなので、20℃の水50mLにとかすことのできる食塩の量は、その半分の17.9gです。また、80℃の水100mLにとかすことができるホウ酸の量は23.6gです。よって、ホウ酸のほうが多くとかすことができます。

④表より、80℃の水100mLにとかすことができる食塩は38.0gです。また、0℃の水100mLにとかすことができる食塩は35.6gです。よって、

$$38.0 - 35.6 = 2.4 （g）$$

の食塩が出てきます。

⑤表より、60℃の水100mLに食塩をとけるだけとかした水よう液を40℃に冷やしたときに出てくる食塩の量は、

$$37.1 - 36.3 = 0.8 （g）$$

なので、水が50mLで同じ温度変化をしたときに出てくる食塩の量は、その半分の0.4gです。また、60℃の水100mLにホウ酸をとけるだけとかした水よう液を40℃に冷やしたときに出てくるホウ酸の量は

$$14.9 - 8.9 = 6.0 （g）$$

なので、水が50mLで同じ温度変化をしたときに出てくるホウ酸の量はその半分の3.0gです。よって、ホウ酸のほうが、

$$3.0 - 0.4 = 2.6 （g）$$

多く出てきます。

36 もののとけ方 ②

答え

1 ① **ウ**　② **37.1g**　③ **イ**

④ 水よう液を加熱して，水を蒸発さ
せる。

2 ① 最も多い　　**A**

最も少ない　**C**

② **B**

③ Bの水よう液に9gとかす

④ Cの水よう液から75mL蒸発さ
せる

考え方

1 ②問題文より，0℃まで温度を下げた
水よう液には35.6gの食塩がとけてお
り，出てきた食塩の結晶は1.5gなので，
はじめにとかした食塩の量は，
35.6 ＋ 1.5 ＝ 37.1（g）です。

③60℃のときにすべてとけていた食
塩が，0℃に下げるととけきれなくなっ
て出てくるので，水の温度が高いほうが，
食塩をたくさんとかすことができること
がわかります。水よう液がうすければ，
水の温度を下げたときにとけ残りが出て
くるとは限らないので，**ア**はまちがいで
す。**ウ**の文は正しいですが，この実験か
らはわからないので，答えではありませ
ん。

④食塩は水の温度が変化してもとける
量があまり変化しません。そこで加熱し
て水を蒸発させ，より多くの食塩をとり
出します。

2 ①同じ量の水よう液にとけているも
のの量は，こい水よう液ほど多く，う
すい水よう液ほど少ないです。水よう
液のこさを比べるときは，水の量を同
じにして考えるとわかりやすくなりま
す。Aの水よう液は水50mLに食塩

が12gとけています。水100mLは
50mLの2倍なので，食塩も2倍の
量とけます。つまり，水100mLに食
塩が，12 × 2 ＝ 24（g）とけている
水よう液と同じこさです。また，Cの水
よう液は水150mLに食塩が18gと
けています。水100mLは150mL
の$\frac{2}{3}$倍なので，食塩も$\frac{2}{3}$倍の量とけます。

つまり，水100mLに食塩が，18 × $\frac{2}{3}$
＝ 12（g）とけているのと同じこさです。
よって，Aの水よう液が最もこく，Cの
水よう液が最もうすいことがわかります。

②A～Cの3つの水よう液を1つに
混ぜ合わせると水の量は，
50 ＋ 100 ＋ 150 ＝ 300（mL）
となり，とけている食塩の量は
12 ＋ 15 ＋ 18 ＝ 45（g）
になります。これは水100mLに食塩
が，45 × $\frac{1}{3}$ ＝ 15（g）とけているのと
同じこさです（水100mLは300mL
の$\frac{1}{3}$倍の体積）。

③①より，Aの水よう液は水100mL
に食塩が24gとけているのと同じこさ
なので，Bの水よう液に食塩を，
24 － 15 ＝ 9（g）とかせばよいです。

④Aの水よう液と同じこさで，Cの
水よう液のように18gの食塩がとけた
水よう液の水の体積を考えると，18 ÷
12 ＝ 1.5（倍）となり，50 × 1.5 ＝
75（mL）の水にとかしたのと同じこ
さです。よって，Cの水よう液から水を，
150 － 75 ＝ 75（mL）蒸発させれば，
Aの水よう液と同じこさになります。

答え

1 **①** ろ過（か） **②** ろうと

③ 液がはねないように，ろうとの先
のとがったほうを，ビーカーの内側
のかべにくっつける。

④ ウ

2 **①** 30g **②** ア，イ

③ 7.35g

④ 147.55g

考え方

1 **①** 水にとけたものは，ろ紙のとても小
さなあなよりもさらに小さいため，ろ紙
を通りぬけます。一方で，とけ残ったも
のは，ろ紙のとても小さなあなよりも大
きいため，ろ紙に引っかかります。この
ような仕組みで水よう液からとけ残りを
とりのぞくことができます。

② ろ紙をセットし，液をビーカーへ流
しこむための器具を「ろうと」といいま
す。また，ろうとを支（ささ）えている台を「ろ
うと台」といいます。

③ ろうとから流れ落ちる液が，ビー
カーの内側をつたって落ちることによっ
て，液がはねません。また，ろ過をはや
く行うことができるというよい点もあり
ます。

④ 水よう液のこさは，とけているもの
の量と水の量によって決まります。よっ
て，とけ残りをとりのぞいたあとも，水
よう液のこさはかわりません。

2 **①** 表より，60℃の水100mLに
とけるホウ酸は14.9gです。よって，
60℃の水300mLにとけるホウ酸は
その3倍なので，

14.9 × 3 = 44.7 （g）

です。また，20℃の水100mLにと
けるホウ酸は4.9gなので，同様に考え
て，20℃の水300mLにとけるホウ
酸は，

4.9 × 3 = 14.7 （g）

です。よって，とけきれなくなって出て
くるホウ酸は，

44.7 − 14.7 = 30 （g）

です。

② 水200mLにホウ酸を17gとか
した水よう液のこさは，水100mLに
ホウ酸を，

17 ÷ 2 = 8.5 （g）

とかした水よう液のこさと同じです。こ
のことと表から，0℃と20℃のときは
とけきれなくなって出てきますが，40℃
のときは出てこないことがわかります。

③ **①**の考え方より，20℃の水
200mLにとけるホウ酸は，

4.9 × 2 = 9.8 （g）

です。次に，水を150mL蒸発させた
あと，ビーカーに残る水は，

200 − 150 = 50 （mL）

です。20℃の水50mLにとけるホウ
酸は，

4.9 ÷ 2 = 2.45 （g）

なので，とけきれなくなって出てくるホ
ウ酸は，

9.8 − 2.45 = 7.35 （g）

です。

④ **③**の考え方より，ビーカーに残っ
た食塩の水よう液は，

50 + 2.45 = 52.45 （g）

なので，200gにするためには水を，

200 − 52.45 = 147.55 （g）

加えればよいことになります。

1 ❶ A, B, D, G   ❷ E

❸ B, D, E   ❹ G

❺ ウ   ❻ X−Z

2 ❶ ア   ❷ 135.9g

❸ 37.1g

❹ 0.9g

1 ❶問題文中のグラフは，水の温度と100gの水にとけるあるものの量の関係を表したものなので，グラフよりも上にあるものは，とけ残りがある状態です。グラフの線上にあるC・F・Hは，これ以上とかすことはできませんが，とけ残りもありません。

❷あるものを加えてよくかき混ぜれば，さらにとかすことができるのは，グラフよりも下にある状態のものです。

❸水よう液のこさがFと同じものは，水にとけたものの量がFと同じものです。グラフより，B・Dはとけ残りがありますが，Fと同じ温度なので，水にとけたものの量も同じです。また，EはFとはちがう温度ですが，水にとけたものの量は同じです。よって，水よう液のこさがFと同じものはB・D・Eです。

❹グラフより，Eを冷やして△℃にするととけ残りが出てきます。これと同じ状態のものはGです。

❺グラフより，Cははじめ☆℃なので，Xgのあるものがすべてとけています。しかし，★℃のとき，あるものは水100gにYgしかとけないので，Cを冷やして★℃にすると，X−Ygのとけ残りが出てきます。

❻グラフより，はじめHはZgのあるものがすべてとけ，とけ残りはなく，これ以上はとかすことができない状態です。また，グラフより，☆℃の水100gに，あるものはXgまでとかすことができます。よって，Hを加熱して☆℃にすると，あるものをさらにX−Z（g）とかすことができます。

2 ❷問題文より，80℃の水100gにとかすことができる食塩は，38.0gです。よって，この水よう液の重さは，

100＋38.0＝138.0（g）

です。また，とりのぞいた結晶の重さは2.1gであることから，残った水よう液（ろ液）の重さは，

138.0−2.1＝135.9（g）

となります。

❸文Bより，80℃から20℃にして2.1gの結晶が出て，60℃にすると1.2gの食塩がとけたことがわかります。80℃の水100gにとかすことのできる食塩は，38.0gであることから，60℃の水100gには，

38.0−2.1＋1.2＝37.1（g）

だとわかります。

❹38.0−37.1＝0.9（g）と求めることができます。

Z-KAI